业务架构·应用架构·数据架构实战

（第2版）

温昱 著

电子工业出版社
Publishing House of Electronics Industry
北京·BEIJING

内 容 简 介

业务架构是跨系统的业务蓝图，应用架构、数据架构、技术架构是解决方案的不同方面。多年来，业界已在业务架构、应用架构、数据架构、技术架构方面积累了大量经验。近几年，数字化转型更是呼唤"懂行人"打通四种架构，确保技术支撑业务、业务支撑战略。本书的主要内容即在于此。首先，解读战略、业务架构、应用架构、数据架构、技术架构五者的对应岗位、产物、脉络关系。然后，结合大案例，详探下列实战法：

- 战略驱动的业务架构设计；
- 业务驱动的应用架构设计；
- 业务驱动的数据架构设计；
- 业务和技术趋势双轮驱动的技术架构设计。

再后，分享业界较为稀缺的《业务架构书》《技术方案书》优秀模板。

最后，分享 ToG/ToB 解决方案规划方法体系。

未经许可，不得以任何方式复制或抄袭本书之部分或全部内容。

版权所有，侵权必究。

图书在版编目（CIP）数据

业务架构·应用架构·数据架构实战 / 温昱著. —2 版. —北京：电子工业出版社，2022.3

ISBN 978-7-121-42962-0

Ⅰ. ①业… Ⅱ. ①温… Ⅲ. ①数据处理②软件开发—架构 Ⅳ. ①TP274②TP311.523

中国版本图书馆 CIP 数据核字（2022）第 028036 号

责任编辑：孙学瑛　　sxy@phei.com.cn
印　　刷：三河市君旺印务有限公司
装　　订：三河市君旺印务有限公司
出版发行：电子工业出版社
　　　　　北京市海淀区万寿路 173 信箱　邮编：100036
开　　本：787×980　　1/16　　印张：17.5　　字数：336 千字
版　　次：2021 年 4 月第 1 版
　　　　　2022 年 3 月第 2 版
印　　次：2024 年 11 月第 10 次印刷
定　　价：89.00 元

凡所购买电子工业出版社图书有缺损问题，请向购买书店调换。若书店售缺，请与本社发行部联系，联系及邮购电话：（010）88254888，88258888。

质量投诉请发邮件至 zlts@phei.com.cn，盗版侵权举报请发邮件至 dbqq@phei.com.cn。

本书咨询联系方式：010-51260888-819，faq@phei.com.cn。

专家推介

银行数字化转型势不可挡。业务架构是跨系统的业务蓝图，应用架构、数据架构、技术架构是解决方案的不同方面。作为金融科技行业的深度践行者，我们一直致力于确保技术支撑业务、业务支撑战略。

本书概念清晰、逻辑通达。读到中间，看到每种架构的设计内容和设计步骤，感觉和我自己多年银行实践经验一致，非常赞同。读到最后，看到书中的《业务架构书》和《技术方案书》模板，逻辑顺、质量高，非常欣赏。因此，非常推荐此书！

马秀伟　中国光大银行信息科技部　规划处处长

本书是温老师从问题出发、到理论整合、再到实践升华的体系化总结，是我们金融科技公司广大技术人员特别应该学习的一课。

本书第二版新增的"ToG/ToB 解决方案规划"专题很有价值，不仅让整体规划实践更紧密地与企业现实结合，也能帮助业务架构师和应用架构师打开职业生涯发展的新视角。

朱志　建信金融科技（河南）有限公司　总裁

从《软件架构设计》一书到这本《业务架构·应用架构·数据架构实战》，佩服温昱老师在架构领域的深厚功力。本书将理论与实践完美结合、行文精简易懂、逻辑清晰，读起来胜似与温昱老师面晤对谈。本书通过丰富翔实的案例讲解、发人深省的感悟总结，打通4A 架构，主抓企业架构的真正骨架，堪称企业架构发展的风向标。本书可帮助有志于参与数字化转型的从业者提升对战略、业务、IT 的认知层次，拓展职业发展路线，是一本不可多得的架构设计指导手册。

王岳珑　中信银行信息技术管理部　高级架构师

TOGAF 是从企业战略出发，综合技术和管理手段，最终服务企业战略的方法论。它是可复制、可推广的，它告诉我们企业架构应该关注的信息密度、落点和位置，同时服务"规、管、建、用"四个维度的工作。

在看过本书后，我认为它有两个特点：一是行文简捷、逻辑清晰；二是内容丰富、有趣有料。特此推荐！

王翔 架构专家

数字化转型是传统企业实现高质量发展的必由之路，也是企业脱胎换骨改基因的自我革命。统一思想、形成合力，对这场革命至关重要。而企业架构可以把企业中的各种复杂要素和关系、变革目标和实施路径，用清晰直观的蓝图和路线图勾勒出来，从而帮助变革领导者与企业组织全体利益相关者建立战略共识、有序推进变革。

温昱老师不愧为一线实践者，抓住了复杂的 TOGAF 企业架构方法论的关键。本书可以有效帮助读者快速投入企业数字化转型战略设计的实战工作中。

张靖笙 粤港澳国家应用数学中心战略拓展委员 数治应用技术（佛山）研究院院长

架构是数字化转型中的思想内核。首先，它给了我们一个思考的框架——如何设计数字化转型的顶层结构，如何通过架构思维承接企业战略。其次，它为我们展示了如何按照架构的原则，安排数字化转型对应的组织，训练相应的新型人才。最后，架构还能够提供一系列的方法和工具，让我们更为便利地建设数字化世界。

我和温昱相识多年，一直很佩服他在架构领域的深厚功力。本书是他多年实战经验的积累与沉淀，既借鉴了国际优秀理念，又不盲目照搬，而是针对中国的实践补充了大量经验、案例、方法和工具。值得推荐！

林星 星耀蓝图科技有限公司 创始合伙人

IT 架构是业务的延伸和基础，是数据流动的载体。随着企业业务复杂度的不断提高，企业数据规模的不断增长，企业信息化建设和信息系统架构的难度也在成倍增加。在国际上，TOGAF 已经被验证，可以灵活、高效地构建企业 IT 架构。

老温的这本书，理论与实践相结合，将 TOGAF 在企业架构实战中的应用思路生动、循序渐进地展现在读者面前。本书是开启 TOGAF 实战之旅的必备宝典。

梁文君　陆金所国际平台研发部　CTO

温昱一直活跃在 IT 架构领域，无论在理论层面还是实战层面都有着深厚的积累，是本领域内不可多得的专业人士。

众所周知，要成为优秀架构师并不容易，对个人技能的宽度和深度均有较高要求。广度不够，容易南辕北辙；深度不够，则如蜻蜓点水，无法落地。通读本书，最大的感觉是思路清晰，书中对每一个概念、每一项方法都给出了简要透彻的阐述；同时又结合实践，给读者看得见、摸得着的项目实感，帮助读者迅速上手。本书还有一个作用，就是能提升读者对 IT 及其业务的认知层次，为长远职业发展提供助力。

董国兴　国开泰富基金 IT 负责人　证监会证标委技术管理专家

作为企业 IT 建设的关键一环，系统架构的使命是通过技术决策让应用系统更好地服务于业务发展。

在企业战略与系统架构之间，还需要一个纽带，这就是业务架构。业务架构依据企业战略规划业务架构蓝图，定义出业务功能、流程、数据、以及与此相适应的组织结构。

温昱老师是业界资深专家，对业务架构和系统架构都有着深入、独到的见解。温老师不仅课讲得深入浅出，书也写得通俗易懂。本书少有枯燥的理论，而是通过翔实的案例、丰富直观的图表，将 TOGAF 理论做了一次完美的实践演绎。推荐本书！

操先良　中国农业银行研发中心　资深架构师

目录

第一篇　大局观

第 1 章　架构实践全景图

1.1　战略、BA、DA、AA、TA 五者的关系

业务架构是跨系统的业务蓝图，应用架构、数据架构、技术架构是解决方案的不同方面。

业界已在业务架构、应用架构、数据架构、技术架构方面积累了大量经验。

近几年，数字化转型呼唤"懂行人"打通四种架构，确保技术支撑业务、业务支撑战略。

本书的写作目的即在于此。

现在，我们来总览一下战略、BA（Business Architecture，业务架构）、DA（Data Architecture，数据架构）、AA（Applications Architecture，应用架构）、TA（Technology Architecture，技术架构）五者之间的关系。如图 1-1 所示。

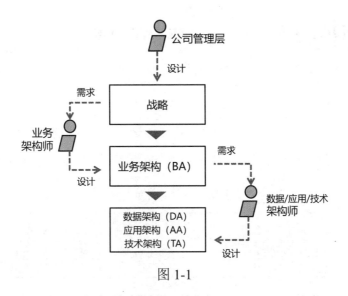

图 1-1

首先，公司管理层是战略的提出者和总设计师。

例如，一家大银行的全局战略规划出自何处？答：管理层是规划者，规划发展部是协助者。规划发展部持续研究行业政策方向、持续关注宏观环境变化、持续跟踪友商动向。

其次，业务架构师是业务架构蓝图的设计师和描述者。

例如，一个在银行信息科技部工作的业务架构师。要研究战略、领会战略，把战略作为推动业务架构设计的原动力，绘制出详细的业务架构蓝图。

最后，专业分工更细的数据架构师、应用架构师、技术架构师负责制定解决方案。

例如，银行的信息科技部一般有架构办公室，部门中有专职或兼职的数据架构师、应用架构师、技术架构师，还有专门的安全架构师。

所以，战略、BA、DA、AA、TA 这五者，实际上位于以下三个层次。

- 公司战略。
- 业务架构。
- 方案架构。

这五者的核心关系，可以概括为以下几点。

- 战略是由公司高层设计的，却是源于业务架构师的需求。
- 业务架构师的工作是"战略进，业务架构出"。
- 业务架构由业务架构师设计，却是数据、应用、技术架构师的需求。
- 环环相扣，上层驱动下层，下层支撑上层。

1.2　BA、DA、AA、TA 的实际工作内容

承接上文，公司战略层——业务架构层——方案架构层，三层大局已定。

那么，战略、BA、DA、AA、TA 这五项工作的具体内容有哪些呢？

例如，在确定战略驱动因素（Driver）之后，业务架构师应做哪些分析？

例如，组织结构分析在哪里？应用项目划分在哪里？技术选型在哪里？

图 1-2 总结了 BA、DA、AA、TA 的实际内容。

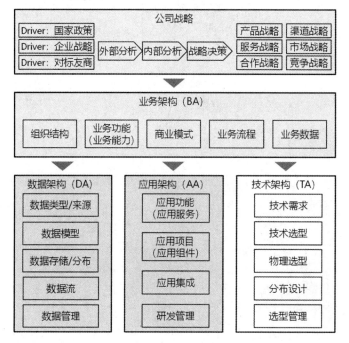

图 1-2

【1】公司战略层。战略是业务架构设计的驱动力。

本书主要覆盖 BA、DA、AA、TA 的设计，不讲战略规划具体怎么做。当然，眼尖的朋友从图 1-2 中已看出：战略规划需要广泛的外部分析、内部分析、基于 SWOT 的战略决策分析、最终制定出产品战略、服务战略、合作战略、渠道战略、市场战略、竞争战略等方面的具体方针。

【2】业务架构层。业务架构蓝图必须有企业标准，笔者推荐给企业的标准是 5 要素。

组织结构+业务功能+业务流程，这是经典的"老三样"，对应于"谁干""干什么""怎么干"，是国内老一代信息科技企业的做法。

在业务架构蓝图中，应加上商业模式。九个格子的"商业模式画布"是比较新的做法，有用且好用。我们后续再讲。

在业务架构蓝图中，还应加上业务数据。优点是，业务数据和业务功能、业务流程紧密相关，也属同一思维层次。缺点是，有人认为业务数据应属于数据架构。我看中的是它的优点，在实践中重点关注的是：业务架构师的工作产物《业务架构书》中要包含业务数据才完整。

【3】方案架构层。涉及数据架构、应用架构、技术架构。

数据架构的核心是数据类型和来源。例如，一家电商企业要把员工角色数据、员工操作日志、商品数据、订单数据、用户登录记录、用户搜索记录、用户评价记录、用户投诉记录等多种要管理的数据类型识别出来，才能有针对性地设计数据模型、数据存储与分布、数据流等。数据流是场景化的，业务功能不同，相关的数据流可能不同。数据流又常涉及数据产生、数据使用、数据加工、数据存储等。

应用架构的核心是识别出应用功能，并映射到应用项目中。

技术架构的核心是识别出技术需求并映射到技术选型中。笔者推荐的技术架构 5 要素包括：

- 技术需求——技术服务列表，或结构化地画出技术参考架构、技术栈。
- 技术选型——技术平台、技术产品、技术框架、中间件。
- 物理选型——硬件选型、网络选型。
- 分布设计——部署结构、负载均衡。
- 选型管理——面向行业的技术指标、企业中长期的技术选型标准。

1.3 从战略到架构，再到实施的过程

【1】从战略到架构

战略、BA、DA、AA、TA 五个环节对应的岗位和产物，如图 1-3 所示。

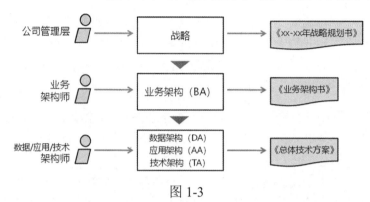

图 1-3

例如，银行、保险、证券等企业，都有自己的信息科技部，鲜有例外。架构办公室这个部门，是 CIO 的左右手。架构办有专职或兼任的业务架构师、数据架构师、应用架构师、技术架构师，还有专门的安全架构师。

业务架构师负责设计业务架构，内容包括业务功能、业务流程、商业模式、组织结构和业务数据等。对于业务架构师的输出，有的企业叫《业务架构书》，有的企业叫《业务需求书》。

业务架构师的输出，是数据、应用、技术架构师的输入。最典型的例子就是业务流程。业务架构师设计业务流程，数据、应用、技术架构师思考完成业务流程需要的支撑数据、系统协作、技术平台。

后续几章，会结合大案例，详探以下实战方法。

- 战略驱动的业务架构设计。
- 业务驱动的应用架构设计。
- 业务驱动的数据架构设计。
- 业务和技术趋势双轮驱动的技术架构设计。

【2】从架构到实施

下面，重点看架构路线图环节和实施规划环节。如图 1-4 所示。

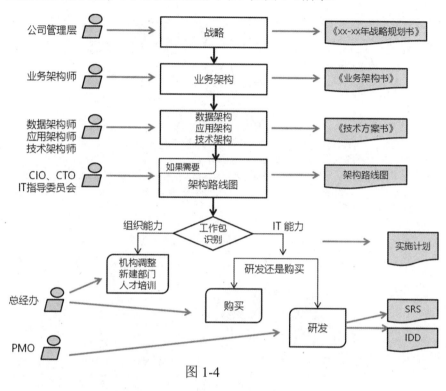

图 1-4

要点是落实到岗位、文档，细化到机构调整、技术采购、项目研发等工作包。

环节 1：战略。公司管理层牵头、规划发展部全程支持。产出物：《xx-xx 年战略规划书》。

环节 2：业务架构。信息科技部的架构师团队的业务架构师负责。产出物：《业务架构书》。

环节 3：方案架构。信息科技部的架构师团队负责。产出物：《技术方案书》。

环节 4：架构路线图。涉及预算，CIO 牵头制定、董事会批准。产出物：架构路线图。

环节 5：实施规划。CIO 牵头制定。产出物：实施计划。

环节 6：项目管控。研发的项目由 PMO 负责，购买的项目由总经理办公室（总经办）负责。

1.4 业务驱动——小试业务流程驱动的 DA、AA、TA 设计

【0】案例背景

我们弄清了 BA、DA、AA、TA 间的脉络关系，但不够细致。

在此，我们"细看"业务流程在 BA、DA、AA、TA 间"穿针引线"的过程。总体如下。

- 在 BA 设计环节——业务流程被详细定义。
- 在 DA、AA、TA 设计环节——业务流程是设计的驱动因素。

本节的例子，仅围绕"买入股票"的例子讲解从业务流程到应用程序，又到数据实体，再到技术组件这条主线的设计。

【1】业务架构

作为示例，笔者简单画一下"买入股票"的业务流程图如图 1-5 所示。

用 Archimate 语言建模：

- 业务功能——买入股票。
- 业务流程——由买入挂单、规则检查、上报给交易所等步骤组成。
- 实现关系——业务流程到业务功能的箭头。
- 业务数据——买入申报指令。
- 业务事件——图中"交易所回报"事件会触发券商"处理成交结果"，当收市时，"当日收市"事件也会触发相应业务。可见，用好业务事件，有利于把"条件触发的业务场景"表达清楚。

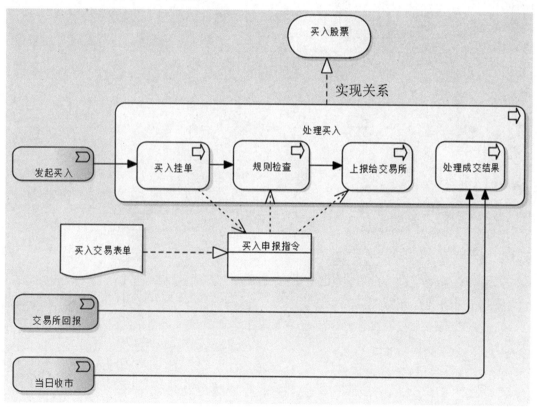

图 1-5

【2】应用架构

应用架构师应思考：买入股票业务流程需要哪些应用服务呢？

1）业务流程级别的买入挂单、规则检查、上报给交易所、处理成交结果，需要的应用服务分别为挂单录入、规则检查、委托上报、接收回报、结果显示。

2）进一步地，这些 IT 应用服务要由具体的应用系统来实现，分别为券商 App、券商集中交易系统。如图 1-6 所示。

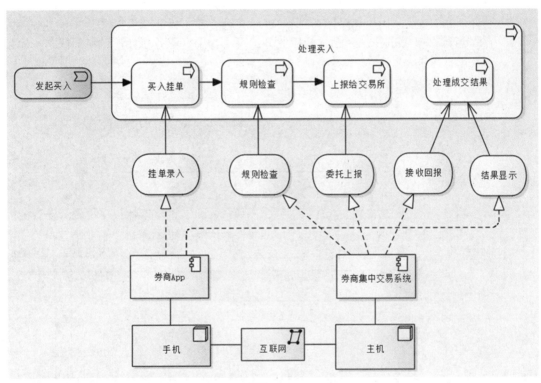

图 1-6

【3】数据架构

数据架构师应思考：买入股票业务流程需要哪些数据支持呢？

1）作为后台，券商集中交易系统首先要对委托记录进行排队，以支持异步处理。

2）券商 App 不需保存"投资人账户"信息，但交易后台要保存，由证券经纪业务后台做交易规则检查。

3）由证券经纪业务后台负责的交易规则检查，会用到投资人账户和投资人资产等信息，例如，账户余额不足时是不允许再挂单的。

4）后台存储"回报记录"数据，也是为了异步处理。如图 1-7 所示。

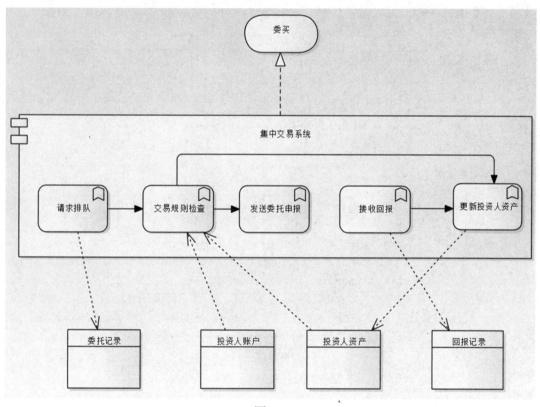

图 1-7

【4】技术架构

技术架构师应思考：买入股票业务流程需要哪些技术组件支持？

1）挂单录入、结果显示等功能，由客户端应用程序支持。

2）规则检查、委托上报和接收回报是可重用的功能，可考虑实现成服务或微服务。

3）基础设施的技术选型，由技术架构师决定。如图 1-8 所示。

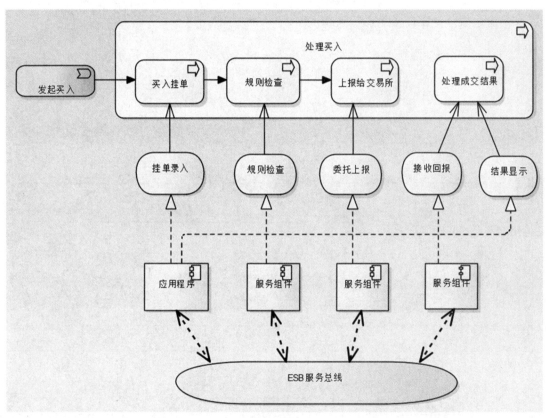

图 1-8

1.5　盘点收获

本章收获 1：弄清了 BA、DA、AA、TA 的具体内容。

本章收获 2：弄清了 BA、DA、AA、TA 间的脉络关系。大脉络是战略、业务架构、方案架构这三级。在此基础上，我们管窥了业务流程驱动的 DA、AA、TA 设计思路，后续章节会系统展开介绍。

《可视化项目管理》一书的作者凯文·福斯伯格曾表示：模型可以识别出关键元素、澄清逻辑关系、有意识地减少可能引起的混淆。

是的，本章重点就是"厘清 BA、DA、AA、TA 间的逻辑关系"，如图 1-9 所示。

- 正向逻辑：战略决定业务，业务决定技术。
- 反向逻辑：技术支撑业务，业务支撑战略。

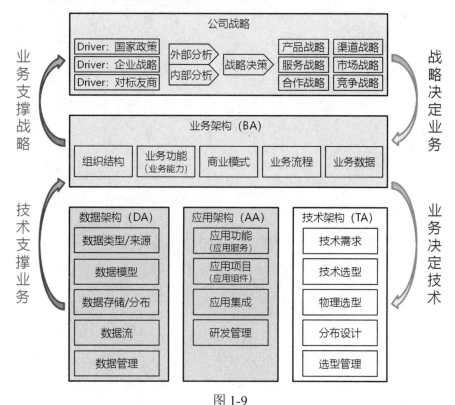

图 1-9

第 2 章　TOGAF 理论全景解读

2.1　解读 TOGAF 9.2 的 BA、DA、AA、TA 内容模型

2.2　解读 TOGAF 9.2 的启动、定义蓝图、实施的整体过程

2.3　盘点收获

2.1　解读 TOGAF 9.2 的 BA、DA、AA、TA 内容模型

【1】TOGAF 9.2

TOGAF 9.2 是企业架构事实上的标准，在全球有广泛实践。

企业架构（Enterprise Architecture）包含如下四种架构，这是被广泛认同的。

- 业务架构，Business Architecture，BA。
- 数据架构，Data Architecture，DA。
- 应用架构，Applications Architecture，AA。
- 技术架构，Technology Architecture，TA。

TOGAF 9.2 中的 BA、DA、AA、TA 内容模型，如图 2-1 所示。

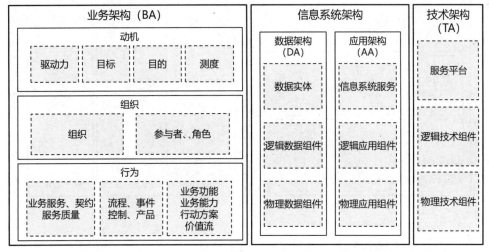

图 2-1

【2】解读

BA 属于现实世界，DA、AA、TA 都属于 IT 世界。前者是后者的缘起，后者是前者的支撑，如图 2-2 所示。

- 为什么干——战略目标、业务动机。
- 干什么——业务功能、业务能力。
- 谁来干——组织结构、业务角色。
- 怎么干——业务流程、业务规则。
- 用到的数据——业务数据。
- 用到的应用——应用系统。
- 用到的技术——技术设施。

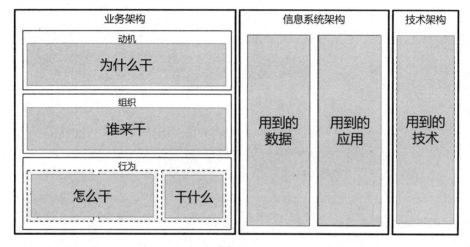

图 2-2

例如，银行通过 IT 技术提供储蓄业务，可以借助上面的模型，解读如下：

- 干什么——存款业务功能、取款业务功能。
- 谁来干——银行柜员。
- 怎么干——按业务流程约定的，存款时"先收款后记账"，取款时"先记账后付款"。
- 用到的数据——账户数据、客户数据、存款记录、取款记录。
- 用到的应用——储蓄核心系统、柜员终端系统、ATM 系统。
- 用到的技术——中间件（CICS、Tuxedo、ESB）、DBMS（DB2、Oracle）。

【3】实施建议

TOGAF 9.2 的 BA、DA、AA、TA 内容模型虽好，但太高深，在实践中须简化。

建议一，TOGAF 9.2 的 BA 内容过多。业务战略是公司管理层的事情，应从业务架构师的"地盘儿"中剥离。

建议二，对于 TOGAF 9.2 中的 DA、AA、TA 内容，逻辑构件、物理构件反复出现真的好吗？应该具体化。

如图 2-3 所示，左边为 TOGAF 9.2 原来的做法，右边为本书建议的做法。具体请参考本书 1.2 节。

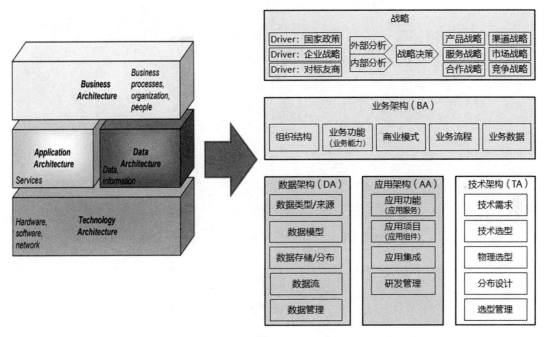

图 2-3

2.2 解读 TOGAF 9.2 的启动、定义蓝图、实施的整体过程

【1】TOGAF 9.2

完整的 TOGAF 9.2，是以 ADM 为核心的一系列方法和工具的集合。我们也常把方法和工具的集合叫作架构框架（Architecture Framework，AF）。

这里的 ADM 就是架构开发方法，是 Architecture Development Method 的缩写，是创造 TOGAF 的专家们总结了大量业界最佳实践构建的一个闭环的、迭代化的架构设计、实现、维护过程。

TOGAF 9.2 的 ADM 过程模型如图 2-4 所示。

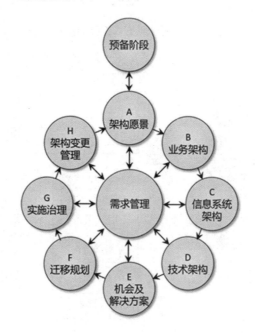

来源：TOGAF 9.2

图 2-4

除预备阶段外，ADM 包含 A~H 八大阶段。我们熟悉的 BA、DA、AA、TA 就在其中。

- 阶段 B——BA 设计。
- 阶段 C——DA、AA 设计。
- 阶段 D——TA 设计。

【2】解读

下面按照项目启动、绘制架构蓝图、实施规划、分批实施的顺序，解读 ADM 过程。

例如，一个大型企业，要基于 TOGAF 框架实施"5 年腾飞"计划。如图 2-5 所示。

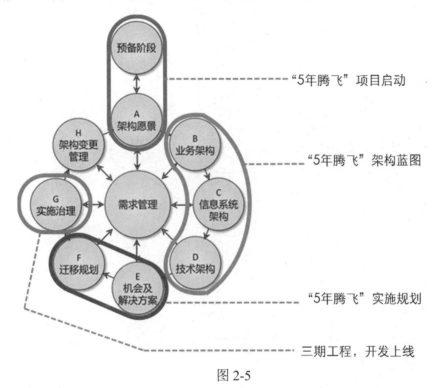

图 2-5

1）计划伊始，是项目启动阶段——敲定方法、成立团队、批准资金、战略调研、就绪评估、广招外部公司作为帮手。这些活动，对应 ADM 的预备阶段+架构愿景阶段。

2）第一年，以架构蓝图为主——重点之一是详细规划业务架构蓝图，包括业务功能、业务流程、业务数据等。如果有大规模创新，那么商业模式、组织结构都会有调整和优化，这是必然的。重点之二是总体技术方案，DA、AA、TA 都如何支撑业务架构蓝图，要梳理一遍。总体技术方案其实不仅要由业务驱动，也要重视技术风险，即由风险驱动。这些活动，对应 ADM 的业务架构阶段+信息系统架构阶段+技术架构阶段。

3）后续，是"5 年腾飞"实施规划阶段——IT 系统要识别新建系统项目、升级系统项目、技术采购等工作包，拟定路线图，制定时间表。当然，还有非 IT 的机构调整等工作包。这些活动，对应 ADM 的机会及解决方案阶段+迁移规划阶段。

4）分批实施、分步上线阶段——对应 ADM 的实施治理阶段。

上述四个阶段可以浓缩成图 2-6。

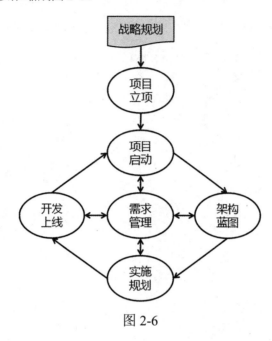

图 2-6

【3】实施建议

业务架构蓝图的实现，需要"IT 与非 IT"的共同支持。

例如，一家银行，其业务架构规划的目标架构（Target Business Architecture）中包含了组织结构变革、商业模式创新等内容。那么在后续实施中，就应妥善安排组织机构调整、人才招募、新公司文化培训等"非 IT"工作。

因此，TOGAF 9.2 过程应该将"IT 实施"和"非 IT 实施"并行描述。如图 2-7 所示。

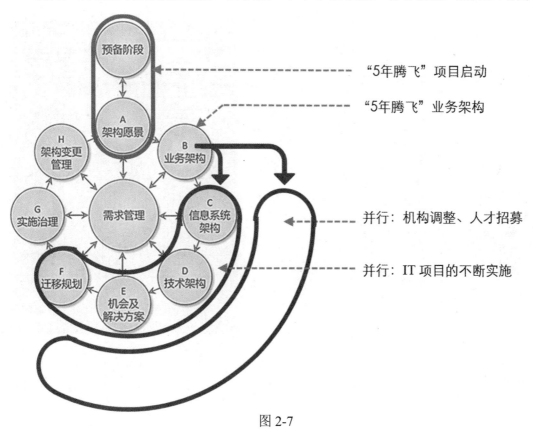

图 2-7

也就是说，所谓实施计划，不仅仅是"从蓝图到研发"的计划，也是"从蓝图到IT与非IT等方方面面"的计划，如图2-8所示。

具体请参考本书1.3节。

- IT方面。支持业务架构蓝图所需的所有"IT能力"有哪些？项目是研发还是购买？识别相应的技术采购工作包、项目研发工作包。
- 非IT方面。支持商业蓝图所需的"组织能力"有哪些？识别相应的机构调整工作包、新建部门工作包、人员培训工作包。

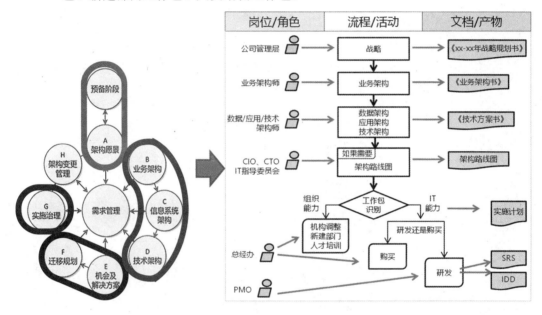

图 2-8

2.3　盘点收获

本章收获 1：解读和简化了 TOGAF 9.2 内容模型。

本章收获 2：通过项目启动、绘制架构蓝图、实施规划、分批实施四阶段，直白解读了 TOGAF 9.2 过程。

第二篇　架构篇

第 3 章　战略驱动的业务架构设计

3.1　什么是业务架构（BA）

业务架构师负责设计业务架构。什么是业务架构？它和技术架构有何不同？

技术架构的"架构=组件+交互"观点根深蒂固。业务架构也包含"组件+交互"吗？

对于业务架构（Business Architecture，BA），OMG 组织的业务架构工作组（BAWG）给了如下定义：

> A Business Architecture is a formal blueprint of governance structures, business semantics and value streams across the extended enterprise.
> 业务架构是企业治理结构、商业能力与价值流的正式蓝图。
>
> It articulates the structure of an enterprise in terms of its capabilities, governance structure, business processes, and information. The business capability is what the organisationdoes, the business processes are how the organisation executes its capabilities.
> 业务架构明确定义企业的治理结构、业务能力、业务流程、业务数据。其中，业务能力定义企业做什么，业务流程定义企业怎么做。

总结为图 3-1。

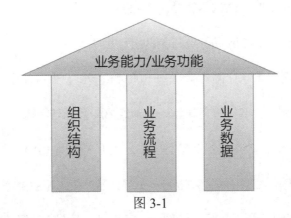

图 3-1

例如，银行提供储蓄业务。

现金存款是一项业务功能，先收款、后记账是与之对应的业务流程。业务流程实现业务功能，所以图 3-1 中业务功能在上、业务流程在下。

同时，业务功能的实现，也需要组织结构和业务数据的支撑。负责办理业务的柜员、负责审批业务的经理，是组织结构中要定义的岗位角色。现金存款业务生成的存款记录、修改的账户信息，是业务数据中要定义的数据实体。定义业务功能的业务流程时，岗位角色作为流程图中的泳道名称，数据实体则可以在业务步骤之间传递。

业务能力定义企业做什么，业务流程定义企业怎么做。具体而言，就是：

- 业务功能是由业务流程实现的。
- 业务流程是由业务步骤、业务角色、业务数据、业务事件、业务规则构成的。

3.2 跨系统规划——业务架构在全球出现的背景

【"扒"历史】业务架构在全球出现的背景

软件工程"V模型"包含需求、设计、编码、测试、验收等环节。业务架构在哪里？

需求工程包含组织机构建模，业务架构也包含组织机构建模。二者是什么关系？

如果读者有上述疑问，请看图3-2。

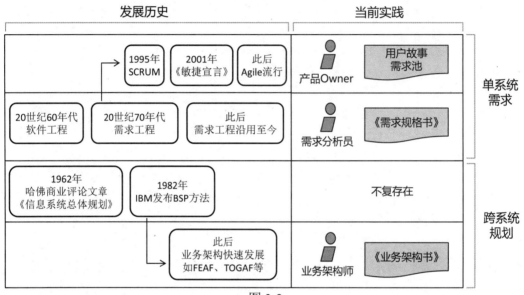

图 3-2

先看跨系统规划这条线：

1）1962年，跨系统规划的早期实践已经存在，发表于哈佛商业评论杂志上的《信息系统总体规划》这篇文章，拉开了跨部门、跨组织需求规划的序幕。此后多年，IBM等企业有很多实践。

2）1982年，IBM公开发布了业务系统规划（Business System Planning，BSP）方法论。这是个重要事件，对业界产生了大而持久的影响。

3）此后多年，BSP等跨部门、跨组织需求规划方法，演变成了今天的业务架构规划。

再看单系统需求这条线：

1）20世纪70年代，需求工程作为软件工程的分支，逐渐发展成型。

2）1995 年开始，SCRUM 等敏捷方法陆续出现。2001 年，多敏捷方法的核心人物齐聚一堂发表了《敏捷宣言》，拉开了 Agile 商业化大潮序幕。

3）现在，有企业死抱传统需求工程，有企业坚决转向 Agile。

至此，笔者总结几句。

须知一：上述历史告诉我们，**业务架构脱胎于跨系统规划、重视跨系统需求**。站在开发者的角度往上看，业务架构不就是跨部门、跨组织的业务需求嘛！

须知二：单系统需求分析，脱胎于 20 世纪 60 年代出现的软件工程，专业化于 20 世纪 70 年代出现的需求工程，轻量化于 20 世纪 90 年代开始的敏捷革命。Agile 轻量化需求分析风潮，旨在取代需求工程和老旧的单系统需求分析方法，传统需求工程已经没有未来。如果读者不愿接受此观点，那么可以查查国内外近几年的统计数据，然后就会发现 Agile 已经成为了事实上的标准，企业级开发、互联网开发和嵌入式企业开发都接受了 Agile。

须知三：本节说得很清楚，单系统需求和跨系统规划是两条线，各有擅长，也各有短板。懂行者都知道，无论是银证保等大型甲方企业，还是想在企业市场分一杯羹的"大厂"，都是一手抓 Agile、一手抓 TOGAF。两手抓，两手都要硬。

【理关系】跨系统规划与单系统需求的关系

图 3-3 把跨系统的业务架构和项目级的传统"V 模型"，放到一起考察。

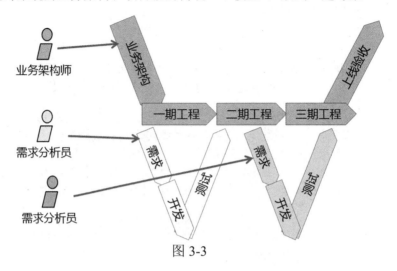

图 3-3

图中的大 V、小 V 分别表示什么呢？

- 一个大 V。表示方案的业务架构、分期实现、上线验收。
- 两个小 V。表示子系统的需求分析、程序开发、系统测试。

大 V 部分，是总体方案的生命周期。在大 V 的需求阶段，必须研究和定义清楚跨部门、跨组织的业务需求，这些需求往往是跨系统的。例如，客户报修业务功能需要呼叫中心系统、CRM 系统、工单系统协同联动，才能支持客服接听电话、确认客户资料、记录报修内容、派遣维修工程师上门这一连串业务。

小 V 部分，是某一个系统的生命周期。在小 V 的需求阶段，必须分析和定义清楚系统的需求，这些需求往往是系统内的。例如，CRM 系统负责客户资料管理。

综上所述，方案级、子系统级这两级项目或工程的生命周期同时存在。举个典型的例子，一家中小型银行，投资 3 个亿实施"5 年腾飞"计划。

- 立项阶段
  由于方案的范围广、涉及的部门多，所以有必要做业务架构设计。
  这时，由业务架构师担纲业务架构设计，并提交《业务架构书》。
- 一期工程阶段
  假设主要涉及系统 A 的需求、开发、测试等。
  这时，需求分析员冲上去，负责《系统 A 需求说明书》。
  当然，需求分析员要参考上游的《业务架构书》的整体约定。

- 二期和三期工程阶段

  假设主要涉及系统 B 的需求、开发、测试等。

  这时，有需求分析员负责《系统 B 需求说明书》，并参考总的《业务架构书》。

我说清楚了吗？

单个小系统的生命周期，根本就没有业务架构环节。没有。

3.3 信息孤岛——业务架构在国内"火"起来的契机

国内重视业务架构，还真的比较晚。21 世纪初，是国内业务架构的概念普及期。

国内有个现象，一提到业务架构，就会大谈"信息孤岛"。这是为什么呢？因为国内真正重视业务架构设计，就是从解决"信息孤岛"问题开始的。

借用一下用友产品的发展史，如图 3-4 所示。

- 1989年，报表编制软件UFO
- 1990年，用友财务软件（DOS版）
- 1992年，局域网版财务软件（V5.0 For DOS）
- 1995年，基于Windows的用友财务软件发布

- 1997年，向管理软件转型，ERP软件U8
- 1998年，集团企业管理软件NC on J2EE

- 2003年，涉足电子政务软件市场
- 2006年，挺进移动商务领域

图 3-4

1990 年前后，用友起家于 DOS 版财务软件（UFO）。1995 年，用友推出 Windows 版财务软件。20 世纪 90 年代后期，用友不再满足于仅提供软件给公司的财务部门，而是要为整个公司提供解决方案，于是从销售单纯的财务软件，变成了销售 ERP 解决方案。

国内发展基本就是如此。

可以说，21 世纪初，国内的信息化进程从部门信息化推进到了企业信息化。企业部门间的（集团子公司间的）协同联动需求，带动了 IT 系统间的信息共享和协同联动需求——同时产生了信息孤岛问题。

21 世纪初，用友也好，其他管理软件厂商也好，其售前材料都齐刷刷地强调信息孤岛问题的三大弊端，如图 3-5 所示。

- 无法协同——低效。
- 重复建设——浪费钱。
- 贻误发展时机——这个影响最大，头部企业错失风口也会被赶超、变落后。

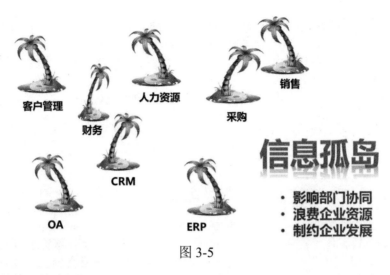

图 3-5

信息孤岛怎么解决呢？

在一系列系统分头建设之前，先设计业务架构，定义统一蓝图，这是根本。数据一张图、数据共享、流程打通、服务编排，都是围绕统一蓝图的具体展开。

3.4　数字化转型——业务架构大有普及之势

数字化转型就是企业利用数字化技术，推动企业转变业务模式、组织架构、企业文化等。数字化转型旨在利用各种新型技术，如移动技术、Web、社交、大数据、机器学习、人工智能、物联网、云计算、区块链等，助力企业构想和交付新的、差异化的价值。

因此，数字化转型不仅是技术与业务的结合，更是战略创新驱动下的业务架构蓝图、企业运作的升级。其中，业务架构是桥梁，上接公司战略，下接 IT 与非 IT 实施，发挥了从战略向实施过渡的作用。

一个大企业，数字化转型谈何容易？其最大难点有二。

- 企业文化的转变——一个人的心态叫心理，一群人的心态叫文化（狭义上）。企业文化说到底是一种群体心理，惯性大，改变不易。难度评级为五颗星。
- IT 部门成为业务持续创新部门——从能力角度看，懂业务离实际做成业务创新，还有距离。从管理角度看，让 IT 部门从辅助部门变成牵头部门，也不容易。难度三到五颗星。对于那些既缺业务架构师，又缺能打通战略、业务、技术的懂行人的企业，难度评级肯定为五颗星。

在数字化转型趋势下，业务架构能力非常关键。无论是文化转型、业务转型，还是渠道转型、商业模式转型，业务架构都是上游战略的落地，同时是下游实施的指导蓝图。

我们看到，很多企业当前都在拼命加强业务架构的能力与岗位建设。笔者认为，业务架构大有要普及的势头。

我们还发现，Gartner 预测的业务架构技术步入成熟应用期的时间正是 2020—2025 这五年。如图 3-6 所示。

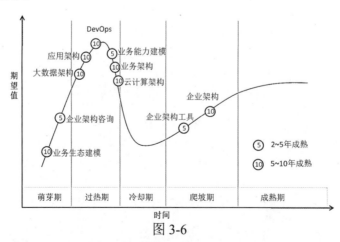

图 3-6

注：本图根据 Gartner 2015 年发布的技术预测改编。

3.5　解读 TOGAF 9.2 的业务架构方法

【1】BA 目标

TOGAF 9.2 规范的业务架构部分，是按照目标、输入、步骤、输出的顺序展开的。我们一一解读。

业务架构的目标可解读成：

- 第一目标：设计目标业务架构（Target Business Architecture，TBA）。
- 第二目标：借助差距分析，识别业务架构能力增量。

这样解读的原因在于前者是后者的基础，后者是前者的延伸。

目标业务架构，就是企业想要实现的业务架构蓝图。按照前文，业务架构=业务功能+组织结构+业务流程+业务数据。本书后续会加上商业模式这一项。

【2】BA 输入

关于业务架构阶段的输入，TOGAF 9.2 竟然列出了 20 多项（详见 TOGAF 9.2 规范的 7.2 节）。

笔者本着只抓源头的原则，解读下来，业务架构的主要设计依据有三：

- 战略驱动（Strategic Driven）因素：
  ——为什么启动业务架构设计？
  ——是因为国家政策的要求？还是对标友商的需要？
- 影响范围（Scope of Organizations Impacted）：
  ——业务架构将覆盖哪些部门？
  ——涉及本公司哪些部门？涉及哪些客户、供应商及合作伙伴？
- 业务目标（Business Goals）：
  ——业务架构要达到哪些目标？
  ——是强化管理还是建新渠道？是扩宽业务还是做精业务？

【3】BA 步骤

TOGAF 9.2 规范的业务架构设计方法，竟然有 9 个步骤：

1）选择架构、视点、工具（Select Reference Models, Viewpoints, and Tools）。

2）开发基线业务架构（Develop Baseline Business Architecture Description）。

3）开发目标业务架构（Develop Target Business Architecture Description）。

4）进行差距分析（Perform Gap Analysis）。

5）识别能力增量（Define Candidate Roadmap Components）。

6）架构影响评估（Resolve Impacts Across the Architecture Landscape）。

7）干系人评审（Conduct Formal Stakeholder Review）。

8）敲定业务架构（Finalize the Business Architecture）。

9）创建架构文档（Create the Architecture Definition Document）。

看到上面 9 个步骤，读者是否一下子洞悉了 TOGAF 9.2 难掌握的原因？TOGAF 9.2 涉及的知识面、技能面真的太广了，从方法论到业务，到评审评估，再到文档管理，面面俱到。大多数软件从业人员很难同时拥有所有这些经验。

笔者将这 9 步解读成方法剪裁、架构设计、评审优化、产物输出 4 个环节。

- 方法剪裁环节（对应步骤 1）：
  ——确定架构、成果、视点。

BA 阶段的第一步，要求确定后续设计 BA 时涉及哪些方面。架构理论认为，架构是组织视点。本书认为：业务架构=业务功能+组织结构+业务流程+商业模式+业务数据。

- 架构设计环节（对应步骤 2~5）：
  ——开发基线业务架构。
  ——开发目标业务架构。
  ——进行差距分析。
  ——识别能力增量。

在大企业中，架构是资产，老架构不容忽视，要一边设计目标架构，一边对比老的架构基线。最终不仅要定义出目标架构、还要识别出架构能力增量。具体指的是，业务功能变化与增量、组织结构变化与增量、业务流程变化与增量、业务数据变化与增量。

- 评审优化环节（对应步骤 6~8）：
  ——架构影响评估。
  ——干系人评审。
  ——敲定业务架构。

业务架构又叫业务架构蓝图，其影响有多么巨大可想而知。架构影响评估的是新的目标业务架构对现有架构的影响和冲击、对正在进行中的架构项目的影响和冲击。干系人评审的重点在于目标业务架构是否满足业务需求、财务目标、时间限制等设计初衷。如果评审不通过，那么回溯到上一个环节，重新设计目标架构。

- 产物输出环节（对应步骤 9）：
  ——创建架构文档。

【4】BA 输出

BA 设计的核心输出是目标业务架构。

TOGAF 9.2 规范里的目标业务架构，比较重视如下内容：

- Business Goals（业务目标）——for the enterprise and each organizational unit
- Organization Structure（组织结构）——identifying business locations and relating them to organizational units
- Business Functions（业务功能）——a detailed, recursive step involving successive decomposition of major functional areas into sub-functions
- Business Services（业务服务）——the services that the enterprise and each enterprise unit provides to its customers, both internally and externally
- Business Processes（业务流程）——including measures and deliverables

3.6 实践攻略：业务架构的实际工作内容

【思考】几点困惑

业务架构想要成功，首当其冲的是，架构师要做正确的事，即对于业务架构的实际工作内容有充足经验，不会遗漏。

相反，架构师分析环节的缺失，意味着业务架构蓝图规划项的缺失，影响从投资决策到方案设计，到实施规划，再到 IT 工作包和非 IT 工作包识别等所有后续工作。

业务架构=业务功能+组织结构+业务流程+业务数据。

第一个困惑，业务渠道在哪里？

第二个困惑，价值链在哪里？

第三个困惑，商业模式在哪里？

【落地】业务架构的实际工作内容

如前所述，业务架构的前身是 1982 年 IBM 发布的 BSP 等跨系统规划方法。所以，业务架构本质上是跨系统规划。

但是，业务架构的内容远远超过了跨系统需求分析这个范围，覆盖跨系统业务架构蓝图规划这个更大的范围。究其原因，是业务架构必须发挥从战略向实施过渡的桥梁作用——上接公司战略，下接 IT 实施与非 IT 实施。

你没看错，业务架构也涵盖非 IT 部分的蓝图！

下面，笔者给出细化的业务架构实际工作内容模型。如图 3-7 所示。

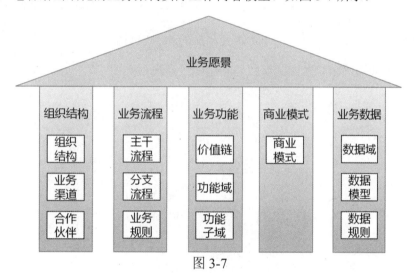

图 3-7

就大的方面而言：业务功能定义企业做什么，组织结构定义谁来做，业务流程定义怎么做，业务数据提供必要支撑。因此，业务功能、组织结构、业务流程、业务数据四者，构成了业务架构蓝图的核心。

同时，商业模式揭示的是企业产品、企业核心资源、客户、伙伴、渠道、成本、利润之间的本质关系。商业模式这个现代工具，也是业务架构蓝图的必须规划项。

就小的方面而言：第一，业务渠道在哪里？组织结构是围绕部门、角色、职能展开的，而组织结构、业务渠道、合作伙伴是紧密相关的。所以，业务架构师在梳理组织结构的同时，应结合渠道战略和合作伙伴战略，定义业务渠道规划，定义合作伙伴规划，这些都是业务架构蓝图的"优秀公民"。

第二，价值链在哪里？价值链模型是对一个企业所有生产经营活动的总体描述，是规划业务架构蓝图时的必做项目。笔者建议对业务功能进行三级划分、层层分解。

- 顶级分解——做价值链模型。
- 一级分解——做功能域划分。
- 二级分解——做功能子域划分。

第三，业务流程=主干流程+分支流程+业务规则。

- 主干流程通用性强、不易变。
  例如，在买火车票时，"选票——抢票——支付"这个流程是稳定的。
- 分支流程个性化强、常变化。
  例如，选座，要进入分支流程。
  例如，买儿童票，要进入分支流程。
  例如，买从威海到乌鲁木齐的票，要进入购买接续换乘车票分支流程。
- 业务规则细节性强、碎片化。
  建议一边定义业务流程，一边定义相应的业务规则。

综上，业务架构蓝图的内容应该明确！全面！直观！详细！

【举例】业务架构蓝图五要素

下面举例说明业务架构蓝图五要素。

数字化转型是一个从战略转型，到架构转型，再到运作模式转型的大工程。其中，业务架构蓝图处于承上启下的关键位置。

读者们应该都在中国铁路"12306"平台预订过火车票吧。

2010 年，"12306"网站试运行。

2011 年，"12306"网站可全面预售动车、软卧、特快、普快等列车车票。

2013 年，"12306"发布手机 App。

在此，我们借助业务架构蓝图五要素，管窥一下中国铁路"12306"平台的业务架构：

- 目标业务功能——线上购票、线上支付、线上退票、线上点餐等。
- 目标组织结构——在原组织结构基础上，新建 IT 运维中心和电话客服中心。
- 目标业务流程——先登录、后抢票、再支付、超时未支付则释放票源。
- 目标商业模式——线上购票，省时省力。
- 目标业务数据——用户账户、列车时刻表、坐席数据、订单、支付记录等。

【举例】业务渠道

下面举例分析业务渠道。

图 3-8 分析了证券公司的业务功能与对应的业务渠道：

- 经纪业务包括客户开发、交易管理、客户服务等。
- 相关传统渠道，主要是营业部柜台。
- 相关电子渠道，可以是综合服务门户、客户端、手机 App 等。
- 公司员工可以通过综合管理门户完成日常工作与协同。

图 3-8

【举例】价值链与功能域

下面举例说明业务范围分析中，价值链与功能域分解的应用。

图 3-9 与图 3-10，表示的都是某个生产型企业的业务范围，但颗粒度不同。

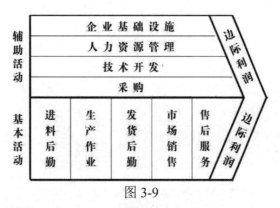

图 3-9

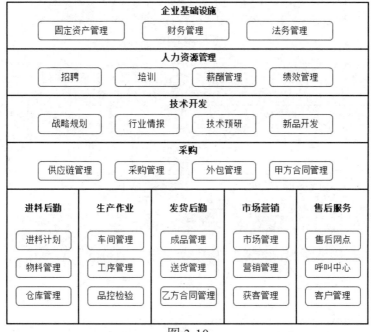

图 3-10

图 3-9 是价值链，是业务架构的业务功能顶级分解。本图沿用了迈克尔·波特提出的"价值链分析法"的标准，将企业经营活动分解为九大类，如进料后勤、生产作业、发货后勤等。

图 3-10 是功能域，即在价值链基础上的进一步业务功能分解。例如，采购活动包括供应链管理、采购管理、外包管理、甲方合同管理等功能域。

在实际情况中，上述思想可以灵活运用。例如，图 3-11 与图 3-12 来自中国电信发布的《CTG-MBOSS 总体规范 2.0》。前者是业务架构的业务功能顶级分解，其作用同价值链分析；后者是对业务功能的进一步分解，分解出更细一级的功能域。

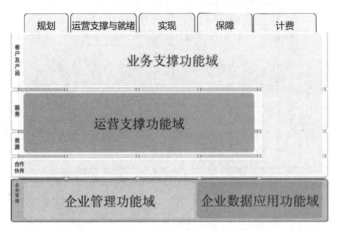

图 3-11

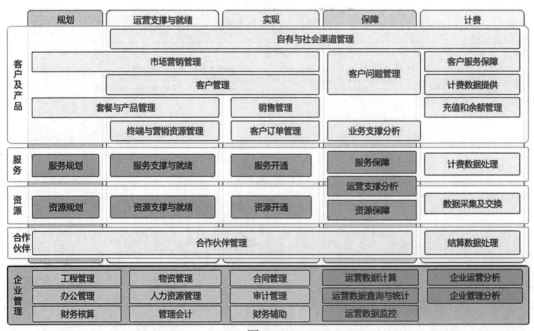

图 3-12

【举例】商业模式

下面举例说说商业模式画布。

很多朋友和笔者聊起过一个问题：大银行跨界做电商的逻辑何在？

例如，善融商务个人商城，是中国建设银行旗下的 B2C 购物平台。它支持担保支付、在线个人贷款和分期付款，是中国建设银行打造的国内创新型电子商务金融服务平台。如图 3-13 所示。

图 3-13

困惑在于：难道不应该由淘宝、京东、拼多多在支付环节接入银行的个人贷款和分期付款服务吗？为什么全国各大银行都推出了自己的电商门户呢？

这就涉及作为业务架构蓝图五要素之一的商业模式了。

图 3-14 所示的九格商业模式画布能够揭示核心资源、营销方式、获利模式等关键商业逻辑：

- 目标客户：个人消费者、个体工商户。
- 收入来源：个人消费贷款、工商户贷款。
- 业务渠道：B2C 网上商城。
- 关键资源：银行掌握工商户、储户的信用记录，是放贷的风控依据。

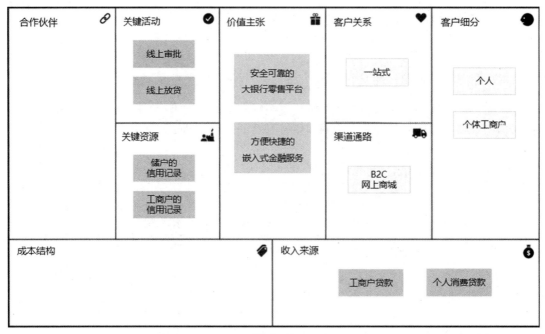

图 3-14

3.7　实践攻略：战略驱动的业务架构设计步骤

【思考】几点疑问

有人说，业务架构设计的核心是基线架构、目标架构、Gap 分析这经典三步，如图 3-15 所示。但笔者认为，这还远远不够。

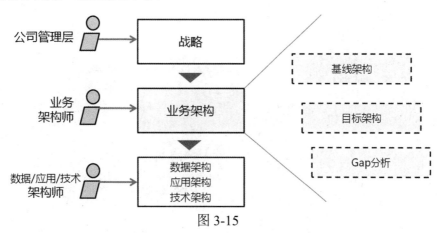

图 3-15

疑问一，业务架构师具体要分析什么？怎么做才算战略驱动？

——能否具体到政策文件？战略方针？市场调研？友商对标？

疑问二，从战略到蓝图，中间的逻辑是什么？

——能否具体到小目标分解？小策略制定？

疑问三，强烈希望方法的第一步是调研，否则不切实际。

——就连搞个小的进销存系统，也要先进行业务调研，不是吗？

【落地】设计步骤

在此，分享战略驱动的业务架构（BA）设计三步法。如图 3-16 所示。

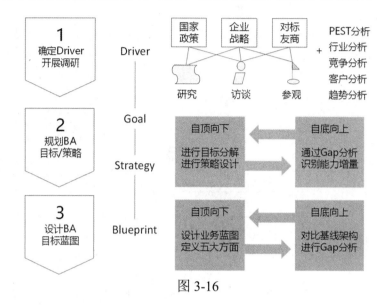

图 3-16

图中，三大步很明确，也非常贴近实际。

优点 1：明确的战略驱动起点。方法中明确了三种战略驱动因素（Driver）的类型，因为实际中就是国家政策、企业战略、对标友商这三者之一触发了后续的调研、规划与实施。

优点 2：明确的调研环节。在第一大步中，包含了调研环节。接地气，一线实践者喜欢。

优点 3：强调了从战略到蓝图的过渡逻辑。在第 2 大步中，只有扎扎实实地规划好业务架构目标与策略，才能确保蓝图充分支撑战略。

优点 4：目标蓝图与 Gap 分析并重。在第 3 大步。

在这套方法中，Gap 分析出现了两次，有必要说明一下：

1）确定 BA 目标与策略这一步属于高层业务架构设计，其中，Gap 分析是可选环节。

2）确定 BA 目标蓝图这一步属于低层业务架构设计，其中，Gap 分析是必要环节。因为必须识别出业务架构能力增量有哪些。

Gap 分析的价值在于，它是持续进行架构治理所必需的。除了在 BA 规划环节应用，Gap 分析在后续 AA、DA、TA 设计环节也均有应用。

【要点】明确 Driver，做好调研

大家都知道，业务架构设计是由战略驱动的，那么具体怎么做呢？能否具体到政策文件？战略方针？市场调研？友商对标？

本节回答这个问题。

总体而言，实践中的战略驱动因素常常是如下三者之一，鲜有例外。

- 国家政策作为战略驱动因素。例如，2011 年公布的《铁路"十二五"发展规划》，是此后多年"中国铁路 12306"网站建设的战略驱动因素。
- 对标友商作为战略驱动因素。例如，2007 年 7 月 31 日，经中国保监会批准，中国平安保险率先推出了国内第一个专用于电话销售的车险产品。于是，其他保险公司立即跟进，推出与平安电话车险对标的保险直销业务。
- 企业战略作为战略驱动因素。例如，大银行新一届董事长上任后，制定了新的企业发展战略。那么，信息科技部负责人的业务架构设计，核心驱动因素就是最新的企业发展战略。

业务架构设计必须做好的第一件事，就是 100%明确战略驱动因素是什么。

业务架构设计必须做好的第二件事，就是调研。 通过调研，广度上理解企业的宏观环境、行业趋势；深度上理解战略的前因后果、来龙去脉；横向上理解企业的竞争格局、友商动向。

粗看，调研内容非常广泛、让人理不清头绪。因为调研可能包括政策研究、管理层访谈、标杆企业参观、最佳实践案例分析、PEST 宏观环境分析、行业分析、竞争分析、竞品分析、客户问卷、客户访谈、客户分析、趋势分析等。

细看，调研内容却有规律，三条线索清晰可见。这就是本书提出的"调研三条线"模型，如图 3-17 所示。

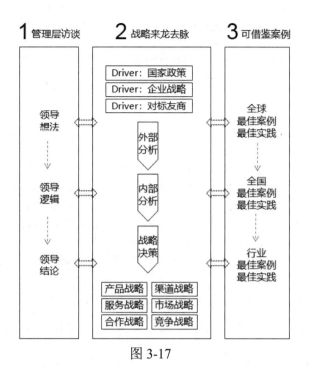

图 3-17

图中，主链中的线索有三，分别为管理层访谈、战略来龙去脉、可借鉴案例。例如，可借鉴案例这条线索，要求业务架构师广泛调研本行业、全国乃至全球最佳案例，做到心中有数，以备借鉴参考。

【要点】从战略到蓝图的内在逻辑

本节先亮明结论，再举例说明。

从战略到蓝图的内在逻辑，是由四个概念支撑起的骨架：

- Driver——战略驱动因素。
- Goal——业务架构目标。
- Strategy——业务架构策略。
- Blueprint——业务架构蓝图。

举个例子。一个大型企业，推进数字化采购转型。如图 3-18 所示，请读者领会以下几点。

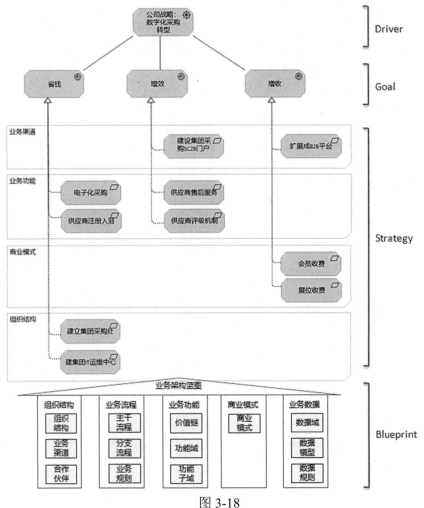

图 3-18

1）图中从上到下正是 Driver、Goal、Strategy、Blueprint 四层体系。

2）Driver 层，1 个战略驱动因素。公司向数字化采购转型。

3）Goal 层，3 个业务架构目标。可以理解成数字化采购转型的具体目标分解。

4）Strategy 层，10 项业务架构策略。可以理解成 3 个 Goal 需要的能力提升。

5）最关键的一点是，10 项策略完全围绕业务架构蓝图五要素展开，如组织业务架构提升、业务功能提升等。

6）Blueprint 层，按业务架构蓝图五要素定义蓝图。这是业务架构师的主要工作。

综上所述，从战略到蓝图的内在逻辑主线是：确定 Driver——目标分解——策略设计——蓝图定义。逻辑明确，创新有据。

只要业务架构师真正洞悉了战略意图、准确领会了战略动机，之后的业务架构设计工作就是有迹可循的，工作量再大，也不可怕。

3.8　实践案例：数字化服务转型——确定 Driver，做好调研

【推进】确定 Driver

下面，正式开始讲解本书的贯穿案例。

项目假定为：某铁路企业数字化服务转型工程。

当前角色假定为：业务架构师老 W。

老 W 知道，业务架构的 Driver 是整个业务架构设计的起点，必须找准、吃透。

老 W 了解到，本数字化服务转型工程的 Driver 是公司刚刚制定的《公司战略规划》。

《公司战略规划》中阐述了数字化服务转型的背景：近年来，互联网技术的发展，提高了各行各业的服务水平，极大方便了人民群众的衣、食、住、行、医、学、玩等方面。从企业的角度而言，借助互联网、大数据等技术，积极推动数字化转型，拥抱以客户为中心的服务模式，能够提高客户满意度和企业竞争力。

《公司战略规划》中和数字化服务转型战略相关的核心表述是：树立以人为本、客户至上的服务理念，创新服务方式，完善服务标准，推动数字化服务转型，提高服务水平。

【推进】管理层访谈

继续推进。

管理层访谈不是要业务架构师去了解行业，而是要领会管理层的关注点、主要看法、目标和预期。

业务架构师通过访谈应了解：

- 现状。管理层认为当前的主要不足在何处？
- 目标。管理层希望变革达到的目标是什么？
- 措施。管理层认为可能的举措有哪些？
- 政策。管理层非常关注哪些相关政策？
- 对标。管理层特别关注的对标企业是谁？
- 其他。管理层的其他关注点。

在本数字化服务转型工程中，业务架构师老 W 通过管理层访谈了解到领导的关注点。如图 3-19 所示。

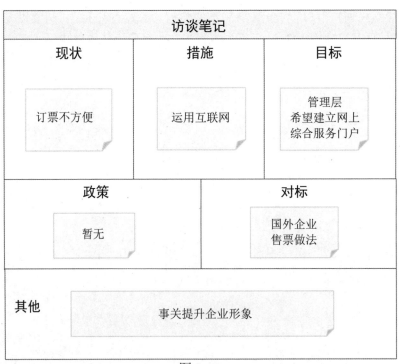

图 3-19

【推进】可借鉴案例研究

收集可借鉴的最佳实践、最佳案例，也是调研的必做内容。

究其原因，业界每个阶段的最佳实践、最佳案例，都反映了业界当时的实践水平。所以，如果业务架构师收集并分析了业界当前最佳实践案例，就可以在自己负责的架构设计中更好地把握设计方向、制定设计标准。

业务架构师老 W 研究了交通行业综合服务门户的一些案例。图 3-20 所示是上海长途汽车客运总站的综合服务门户，整合了三大类服务内容。

- 售票服务。
- 物流服务。
- 咨询服务。

图 3-20

业务架构师老 W 也研究了其他行业的一些著名案例。图 3-21 所示为华为商城整合了四大类客户的服务入口。

- 个人客户——例如华为手机和平板电脑的用户。
- 企业客户——例如华为金融解决方案的客户。
- 运营商客户——例如中国移动通信集团有限公司。
- 华为云客户——例如云租户。

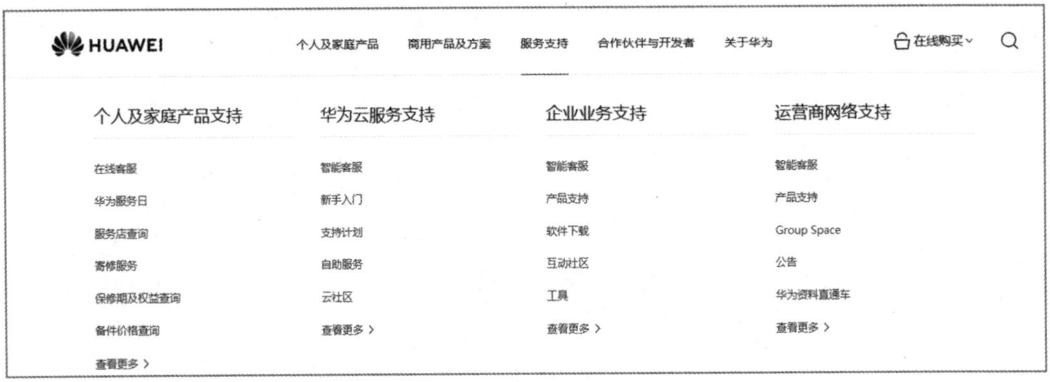

图 3-21

【感悟】业务架构的起点

有两个感悟。

项目启动后,业务架构师必须做好的第一件事是:明确业务架构规划的战略驱动因素。这是第一个感悟。

国家政策作为战略驱动因素。例如,2018 年,国家宣布上海证券交易所设立科创板并试点注册制。2019 年 1 月中国证监会公布《在上海证券交易所设立科创板并试点注册制总体实施方案》。各大券商公司紧锣密鼓分析文件、学习新规、启动业务架构蓝图规划。

对标友商作为战略驱动因素。例如,1997 年,招商银行把目光瞄向了刚刚兴起的互联网,并迅速在网上银行这一领域占据优势地位。1997 年 4 月,招商银行开通了自己的网站。这是中国银行业最早的域名之一,招商银行的电子金融服务从此进入了"一网通"时代。1998 年 4 月,"一网通"推出"网上企业银行"。其他银行在建设自己的网上银行系统时,常常把招商银行的网上银行系统作为对标对象。

企业战略作为战略驱动因素。例如,2015 年 4 月 1 日,中国石化股份有限公司结合公司物资采购与供应实际而建立的"易派客"电商平台正式上线。2016 年 4 月 18 日,"易派客"正式投入运营。2017 年 4 月 18 日,中国石化股份有限公司宣布:中国最大的工业品电子商务平台——"易派客"上线以来累计交易金额已达 902 亿元。

第二个感悟。任何时候,业务架构师都不要过分迷恋自顶向下,而是要重视可借鉴案例。

有对标案例,就必须为我所用。有全球、全国或行业级的可借鉴最佳实践,就必须为我所用。业界每个阶段的最佳实践、最佳案例,都反映了当时的实践水平。因此,如果业务架构师收集并分析了业界当前最佳实践案例,就可以在自己负责的业务架构设计中更好地把握设计方向、制定设计标准。

3.9 实践案例：数字化服务转型——确定 BA 目标与策略

【推进】服务提升的目标分解、策略设计

贯穿案例，继续推进。

只有扎扎实实地规划好业务架构目标与策略，才能确保后续的业务架构蓝图能够充分支撑战略。

确定业务架构目标与策略是业务架构设计的高层部分。后续的业务架构蓝图定义，是业务架构设计的低层部分。前者引领着后者的方向。由此可见，"确定业务架构目标与策略"这一环节的重要性。

这一步，有三种做法。

1）自顶向下：将 Driver 分解为子目标，将子目标映射到业务架构策略中。

2）自底向上：通过 Gap 分析，找到能力短板，从而识别业务架构目标与策略。

3）上述两种做法相结合，循环展开，互为验证。

笔者仅示范自顶向下的方法，分析形式采用 Archimate 建模的 Motivation 分析图。如图 3-22 所示。

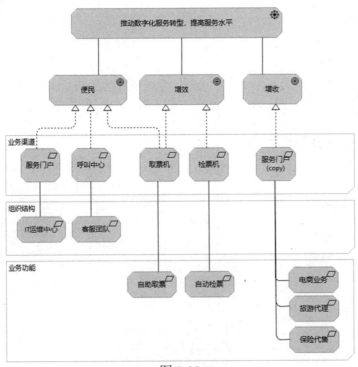

图 3-22

【对比】CRM 系统的功能创新

注意，上面是业务架构师运用经验和聪明才智进行的设计。有难度，但非常重要。

练习 3-1：作为业务架构师，应如何规划民航用户积分管理相关的业务功能，才能达到让积分管理带来业务价值？

答案是：

- 积分当钱花，提高客户满意度。例如兑换话费、换购商品。
- 积分可转赠他人，包括新注册用户，以期增加用户数。
- 利用积分促销，用积分可以购买推广航线的机票。

设计思路通过 Archimate 建模的 Motivation 分析图来表示，如图 3-23 所示。

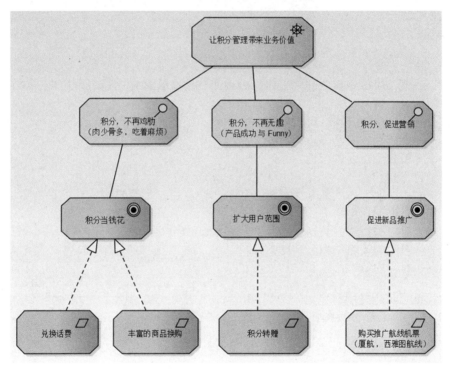

图 3-23

【感悟】分析方式

贯穿案例推进到这一步，读者们是否感悟良多？

第一个感悟，数字化服务转型离不开业务渠道创新、组织结构创新、商业模式创新等策略，在我们的案例中都出现了。

- 业务渠道创新——利用了互联网、移动设备、智能设备。
- 组织结构创新——新建客服团队、新建 IT 运维中心。
- 商业模式创新——发展电商代理业务、保险代售业务。

第二个感悟，在业务架构策略的策划方法上，重复利用最新的 Archimate 建模技术。

上面的贯穿案例推进和练习 3-1，都用到了 Archimate 建模的 Motivation 分析图。效果不错。

以练习 3-1 为例：

- 终极目标层
  ——不希望积分管理继续平庸，希望"让积分管理带来业务价值"。
- 发散分析层
  ——积分鸡肋问题，可否改变？
  ——积分无趣问题，可否改变？
  ——积分可否促进营销？
- 子目标层
  ——相应地，得到几个子目标：积分当钱花、扩大用户范围、促进新品推广。
- 应对策略层
  ——对应的策略：兑换话费、商品换购。
  ——对应的策略：积分转赠。
  ——对应的策略：购买推广航线机票。

可以说，它是一种层次化的发散思维，支持循序渐进、步步为营地分解问题、制定对策。因此，Motivation 分析图在下列四种情况下特别好用：

1）领导指令分解落实。

2）系统性策略规划。

3）头脑风暴。

4）痛点分析。

3.10　实践案例：数字化服务转型——定义 BA 蓝图（组织结构）

【推进】组织结构进化

贯穿案例，继续推进。

业务架构师习惯从组织结构开始定义业务架构蓝图。

第一步。如图 3-24 所示，为当前组织结构分析。

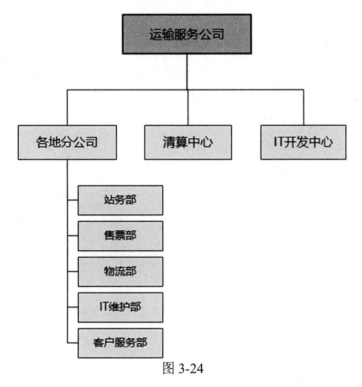

图 3-24

第二步。如图 3-25 所示，为目标组织结构分析。

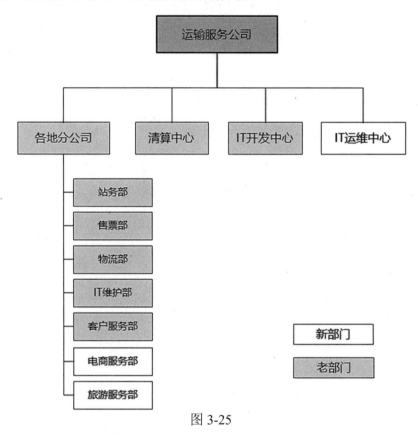

图 3-25

第三步。组织结构 Gap 分析。在图 3-25 中，笔者已标出组织结构的变动。

【对比】是否外包

加个对比案例。新手业务架构师往往感觉组织结构没啥好设计的。其实恰恰相反，一旦组织结构需要变革，必然影响重大。

贯穿案例——不外包，企业自己做 IT 开发、自己做 IT 运维。相应地，企业组织结构中有 IT 开发中心、IT 运维中心。

对比案例（图 3-26）——外包。整个运维都外包出去，请专业的外包公司承担。所以，在企业组织结构中，仅总经理办公室设置一个 IT 外包专员岗位。如图 3-26 所示，其背景为某汽车客运公司。

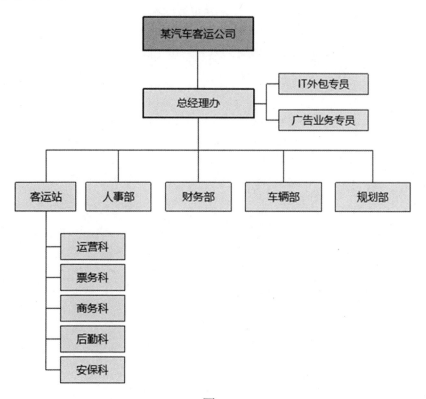

图 3-26

【感悟】业务架构蓝图也涵盖非 IT 工作包

注意，业务架构师应尽早明确组织结构的可能变化。因为无论是新建部门，还是部门增强、人员能力增强，都属于 TOGAF 中的能力增量（Capability Increment），是需要在后续的非 IT 工作包中实现的。

不仅如此，组织结构的变化还影响整个企业的治理结构，从经营管理，到制约监督，再到绩效考核。

总之，业务架构师虽然经常被当成跨系统软件需求分析师降级使用，但真正承担业务架构蓝图规划任务的业务架构师，必须是能扛得起很多"非 IT"规划的。

3.11　实践案例：数字化服务转型——定义BA蓝图（业务渠道）

【推进】业务渠道进化

继续推进贯穿案例。业务渠道值得仔细规划。如图 3-27 所示。

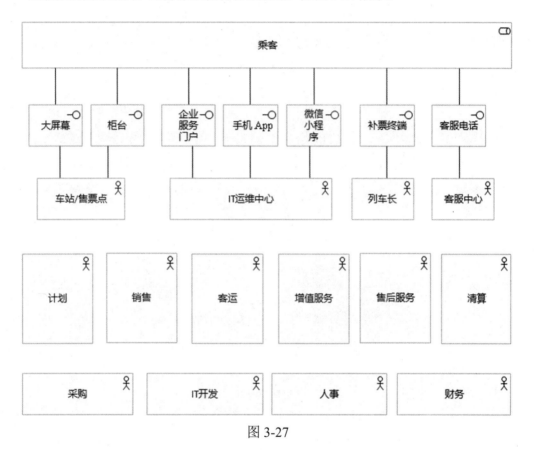

图 3-27

【对比】多渠道无缝对接

下面看一个家电企业业务渠道的例子，这个案例多渠道无缝对接的方式，更符合大趋势。

如图 3-28 所示，现在大多数家电厂商的客户服务系统都是这种形式。即客服电话、Web 应用、微信小程序三者打通，线上线下无缝联动，完整覆盖报修预约、人员排程、备件备料、上门维修、在线收费、电话回访的全流程。

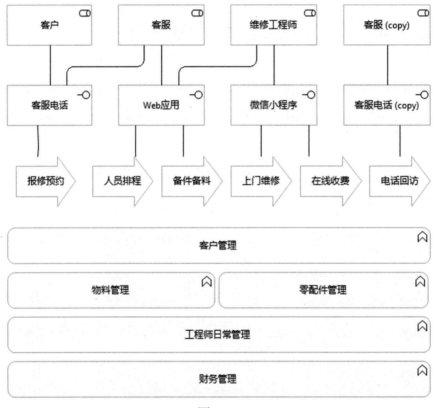

图 3-28

【感悟】业务渠道=渠道形式+渠道联动

由上可知，业务渠道不是完全孤立的业务架构蓝图规划项。它和业务流程、业务功能、组织结构是相互呼应的。因此，我们在规划业务渠道时，也应考虑这些。

再有就是，设计好必要的渠道联动。有同行这么总结：

- 低层次。信息孤岛，竖井林立，客户在手机上买了票，在 PC 上竟然查不到。
- 一般层次。信息共享，多个前端共用统一的后台系统。
- 高级层次。渠道联动，流程拉通，多岗位、多前端、多应用之间的流程流畅协同。

3.12 实践案例：数字化服务转型——定义 BA 蓝图（业务功能）

【推进】运输服务价值链

贯穿案例，继续推进。

例子中的业务架构师老 W，面对运输企业数字化服务转型规划的任务，在潜心研究行业知识后，给出了图 3-29 所示的价值链划分结构。

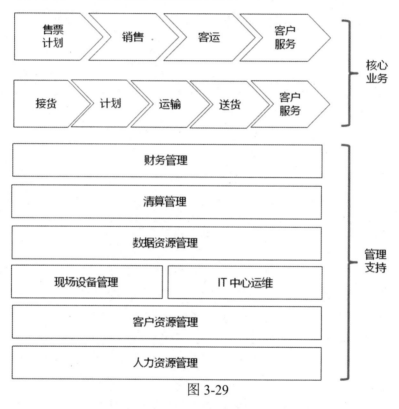

图 3-29

【对比】证券企业价值链

业务架构就是要围着业务转。如果 IT 味儿太重，那就走偏了。

再举一例，证券企业的价值链分析。如图 3-30 所示。

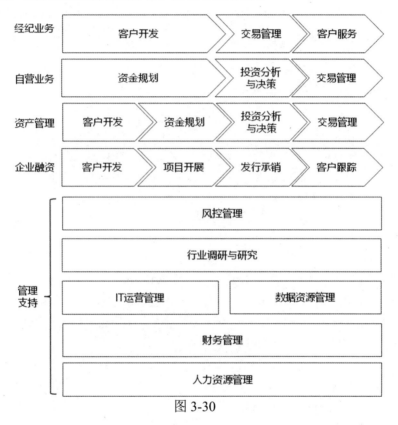

图 3-30

【感悟】像甲方企业领域专家一样玩转价值链

很多技术出身的业务架构师很烦恼，因为他们梳理的业务功能划分结构，根本得不到甲方企业领域专家的认同。究其原因，不外乎以下两点。

第一，受到自己研发经历的影响，错误地按 IT 系统模块的方式划分业务功能模块。

第二，虽然没有犯第一条那么大的错误，但业务功能划分不符合该行业习惯。

解决办法只有一个，就是业务架构师必须对目标领域心存敬畏、尊重行业共识。具体而言，首要一条是必须掌握该行业的常见价值链分析模型。

价值链，不求巧妙但求通俗。

笔者在此斗胆分享几点心得。

首先，生产型企业的价值链模型。 最经典的传统价值链模型，就是波特创造的生产型企业的价值链模型。现今应用时，都是进行了改造和优化的。笔者认为，比较公认的优化有：

1）分为支持层、业务层、战略层。

2）技术开发变身产品研发，移到业务层。因为在现在的商业环境下，产品研发不是辅助，而是核心。

3）采购移到业务层。

4）如图 3-31 所示，"老九样"变成"新九样"。

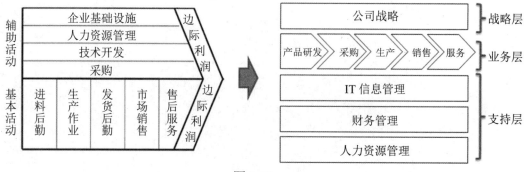

图 3-31

其次，电信运营商、电网、仓储物流等基建投资占比高的企业的价值链模型。笔者认为，比较公认的优化有：

1）分为管理支持、运营支撑、核心业务三层。

2）如果存在运营支撑层，则将投资规划、工程建设、运营维护放入运营支撑层，否则列入核心业务主线。

3）例如，图 3-32 为能源仓储分销企业的价值链模型。

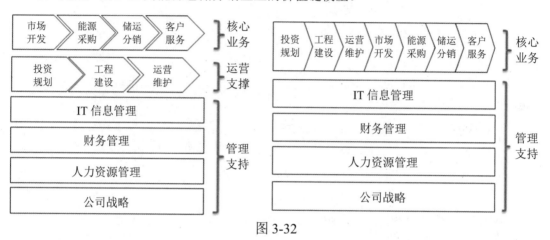

图 3-32

最后，电信、电商、家电、运输等服务密集型企业的价值链模型。笔者认为，比较公认的优化有：

1）分为支持层、业务层。

2）支持层经常包含财务管理、人力资源管理、客户资源管理、数据资源管理等，比传统价值链模型更强调客户资源、数据资源的重要性。

3）企业对外提供的业务多种多样，那就在业务层分别梳理。

【推进】一级功能域分解

继续推进贯穿案例。终于可以分解功能域了。

图 3-33 为目标能力的功能域分解图。

图 3-33

接下来，做业务能力 Gap 分析。图 3-33 中，笔者已标出业务功能域的变动，其中，

- 新增一级功能域：4 个。
  - ——例如，线上订票、线下取票为新增功能域，需要新建系统。
  - ——例如，IT 运维板块的系统管理、故障管理为新增功能域。
- 增强一级功能域：13 个。
  - ——例如，退票、改签等功能域需要增强，因为要支持线上退票、线上改签。
  - ——例如，清算管理板块的一级清算、二级清算功能域需要增强。

【感悟】像甲方企业领域专家一样分解业务功能

哇，进展不小，感悟良多。

最大的收获是，从价值链分析到一级功能域划分的转变。

第一，价值链分析模型为后续功能域划分奠定了基础。管理支持+核心业务这个大局结构后续不变。这个业务功能域划分框架的确好用，而且广受业界认同，自然容易被后续业务架构接受。

第二，类似"上车前、乘车中、下车后"的时间轴思维，是业务架构师必备的分析技能。同时，是甲方企业领域专家们常常使用的分析习惯。

上述两点，笔者不敢说是"业务功能域划分事实上的标准"，但的确是实践中最常用、最好用的方法。

上述案例中，我们也尽早识别了业务功能域的变化，对不变的、增强的，以及新增的功能域进行了区分。

业务架构设计不仅要定义出目标架构，还要识别出需要增强的架构能力，为后续实施做准备。具体包括业务功能变化与增量、组织结构变化与增量、业务流程变化与增量、业务数据变化与增量。

3.13　实践案例：数字化服务转型——定义 BA 蓝图（商业模式）

【推进】便民、增收、增效设计

接下来，描述商业模式。

商业模式揭示的是企业产品、企业核心资源、客户、伙伴、渠道、成本、利润之间的本质关系。简单说，就是为什么做同样的事，有的企业行，有的企业却未必行。

业务架构蓝图的五要素包括业务功能定义（What）、组织结构定义（Who）、业务流程（How）、业务数据定义（How）和商业模式定义（Why）。商业模式分析可以激发创意、促进创新，同时，把商业模式清晰呈现出来，有助于赢得管理层和实施团队对业务架构蓝图的认同。

回到贯穿案例。很多企业希望通过建立综合服务门户，实现便民、增收、增效等业务目标。

如图 3-34 所示，就铁路企业的数字化服务转型而言，要便民，应支持随时随地通过网络、电话、手机 App 获取企业服务。

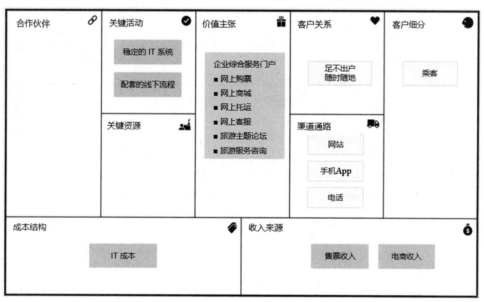

图 3-34

如图 3-35 所示，就铁路企业的数字化服务转型而言，要增收，可加强嵌入式电商和场景式电商环节。

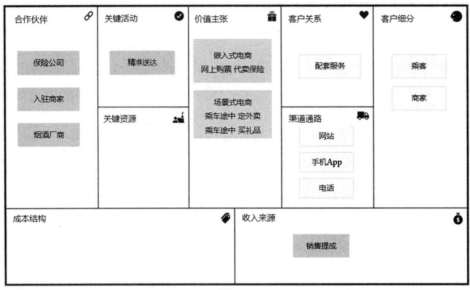

图 3-35

如图 3-36 所示，就铁路企业的数字化服务转型而言，要增效，可以借助硬件设备和智能控制系统，促进取票、检票等环节的数字化转型，提升效率。

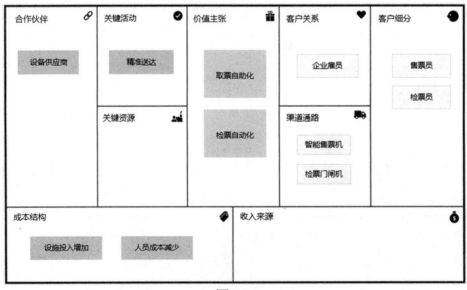

图 3-36

【感悟】商业模式画布=设计高效+汇报高效

商业模式画布，借助九个小格子，构建了简捷高效的系统化思维环境。真了不起。

由上述例子可以看出，商业模式画布有如下优势：

- 利于有效设计。可激发服务创新、流程创新、跨界合作等好的创意。
- 利于有效汇报。商业模式凸显了"为什么这么干"的内在逻辑。

3.14 实践案例:数字化服务转型——定义 BA 蓝图(业务流程)

【推进】订票服务的业务流程分析

笔者建议所有复杂的核心业务流程都采用文本化描述。

表 5-1 为笔者建议的业务流程定义规范

- 第一部分：业务功能概述。
  ——要点是"1 个主干+N 个分支"方式的流程分解。
- 第二部分：主干流程。
  ——要点是"阶段化+步骤化"，并附每步业务规则。
- 第三部分：分支流程。
  ——要点是"注明在主干的分叉位置"，并附每步业务规则。
- 第四部分：关键 UI 原型/UI 流程。
  ——这一部分为可选。

表 2-1

业务功能概述	
业务背景	企业综合服务门户
业务功能	预订火车票
业务流程	主干流程： - 购票 分支流程： - 多人购票 - 购买儿童票 - 购买保险 - 购买接续换乘票 - 选座 - 没抢到 - 无列车 - 改变查询条件 - 过滤查看结果 - 查看经停站信息 - 取消订单 - 更换支付方式 - 更换终端继续支付 - 超时未支付 - 更改接收通知方式
前置条件	
后置条件	

主干流程		业务或数据模型规则
查票阶段	1）用户提交查询条件	【业务规则】应查询出同城市不同站所有车次。例如北京，应查询出北京站、北京南站、北京西站相关车次
	2）系统查询相关车次、列出结果	【业务规则】已超过发车时刻的列车，不在查询范围内 【业务规则】车次查询和预定的范围是 30 天内 【业务规则】无论有无符合要求的列车，系统均应在查询结果页提供"接续换乘"查询入口
选票阶段	3）用户选择车次，并在信息提交页选择坐席级别、添加乘客	【业务规则】同一乘客不能重复预订同天同次车票
	4）用户提交订单抢票	
业务处理	5）系统锁定票源、修改库存	【数据模型规则】 用户抢票后支付前，订单为"待支付"状态。 完成支付后，订单为"已支付"状态。 超时未支付，订单为"已失效"状态。
	6）系统生成订单、提示支付	
支付阶段	7）用户完成票款支付	【业务规则】只有订票成功才发送短信，各种原因导致的预订失败均不发送短信。
	8）系统发送通知短信	
分支流程【查票阶段】		业务或数据模型规则
2a）过滤查看结果 系统应在查询结果页，提供过滤查看结果		
2b）查看经停站信息 系统应在查询结果页，提供过滤查看结果		
2c）无列车 如果查询无满足条件列车 则系统应提示用户，并提供"查看接续换乘方案"入口		
2d）购买接续换乘票 系统应在查询结果页提供"查看接续换乘方案"入口		
分支流程【选票阶段】		业务或数据模型规则
3-4a）选座 系统应在信息提交，提供选座功能		
3-4b）多人购票 系统应在信息提交，提供增加乘客功能		
3-4c）购买儿童票 系统应在信息提交页，提供购买儿童票功能		【业务规则】 可用儿童本人合法证件或父母证件 【业务规则】 儿童票购买卧铺票的，减免硬座票价格的一半。 即：卧铺的儿童票价格为票价减去硬座票价一半。 【数据模型规则】 应支持：一张订单只包含一张儿童票。 应支持："单张儿童票"订单中，儿童使用父母身份证购票。【注】此种情况下取票需家长合理安排。

3-4d）购买保险 系统应在信息提交页，提供购买保险功能	【业务规则】系统应提供《交通意外险条款》的阅读和确认界面 【业务规则】多人购票的订单，选择"购买交通意外险"意味着用户为本订单内的每位乘客都购买一份交通意外险
3-4f）改变查询条件 系统应在查询结果页，提供改变查询条件功能 系统应在信息提交页，提供改变查询条件功能	
3-4g）取消订单 用户可以取消订单	
分支流程【业务处理】	**业务或数据模型规则**
5-6a）没抢到 如果用户查询有票，提交抢票请求后却没抢到，则系统提示"已无票"	
分支流程【支付阶段】	**业务或数据模型规则**
7-8a）更换支付方式 用户可以选择如下网上支付方式： 支付宝；微信；中铁银通卡；工商、农业、中国、建设、招商、邮政银行的电子支付	
7-8b）更换终端继续支付 如果用户需要更换终端才能支付，则： 系统自动保存未支付订单 用户通过其他终端登录 用户查询未支付订单 用户完成支付	
7-8c）超时未支付 如果用户30分钟内未支付，则： 系统自动取消订单 系统释放车票库存	
7-8d）更改接收通知方式 如果用户更改接收通知的方式，则 系统将以指定方式（短信/微信/支付宝）发送通知	

关键 UI 原型/UI 流程	
信息提交页： A）一般情况 B）接续换乘	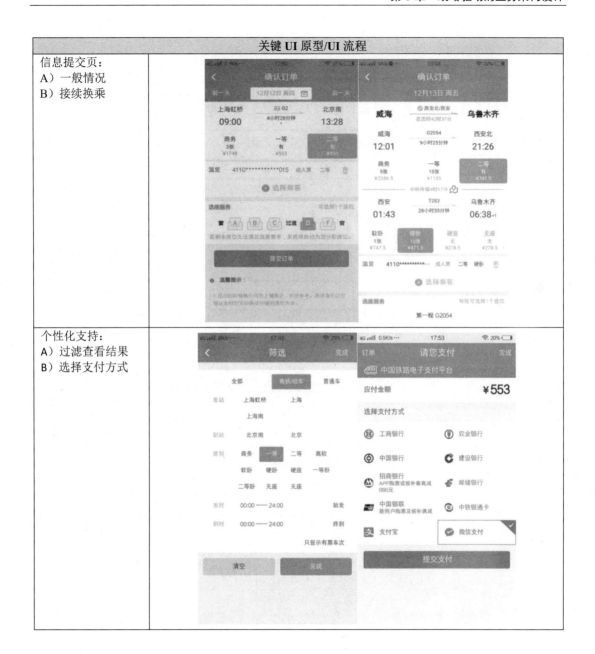
个性化支持： A）过滤查看结果 B）选择支付方式	

此部分重要，总结几句。

我们发现，分支流程和业务场景有完美的对应关系。识别分支流程，就是场景化思维。相反，如果不区分主干流程、分支流程，后续业务需求变更就会波及一大片，而不是改一个分支流程那么简单了。这太不专业。

业务功能很多，业务场景更多，业务流程定义谁？答：一个业务流程定义一个业务功能，其中包含多个业务场景。

业务规则多如牛毛，如何避免业务规则碎片化？答：围绕业务步骤定义业务规则，业务步骤可以是主干流程步骤、分支流程步骤。

也许读者会问，这是要放弃业务流程图吗？答：越是核心的业务流程，越是分支多、业务规则多，此时建议采用文本化规范。不复杂的业务流程，可以沿用流程图的方式。

【对比】业务流程图

作为对比，看看用业务流程图的方式定义业务流程的局限性。

很多企业在数字化服务转型过程中，建立了"客服电话+微信小程序"无缝联动的客户服务管理平台，打通客户咨询、客户报修、师傅上门、在线收费、电话回访等业务场景。

图 3-37 是客户咨询功能的业务流程图。

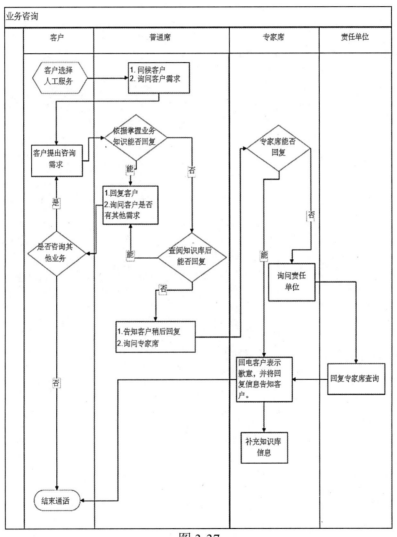

图 3-37

请读者做个小练习：请问在上面的业务流程图中，包含了哪几个业务场景？

【感悟】像甲方企业领域专家一样分析业务流程

对于复杂的核心业务流程，要对自己"狠"一点，敢于用文本这种"辛苦"的方式。或许，这正是有些读者的感悟。

在实际情况中，很多业务架构师，被两个问题搞得焦头烂额：

- 业务场景碎片化。
- 业务规则碎片化。

例如，上一个"客户咨询"业务流程的例子仅仅包含了 4 个业务场景，就把业务流程图搞得非常复杂、不易读懂。这 4 个业务场景是：

1）直接答复客户问题。

2）查阅知识库答复客户问题。

3）求助专家后回电答复客户问题。

4）求助责任单位后回电答复客户问题。

再例如，请读者画出"预订火车票"的业务流程图，并覆盖如下 16 个业务场景：

1）单人购票。

2）多人购票。

3）购买儿童票。

4）购买保险。

5）购买接续换乘票。

6）选座。

7）没抢到。

8）无列车。

9）改变查询条件。

10）过滤查看结果。

11）查看经停站信息。

12）取消订单。

13）更换支付方式。

14）更换终端继续支付。

15）超时未支付。

16）更改接收通知方式。

业务流程图没法画了，对吧？因为业务场景太多。而业务场景在业务流程中，往往就是流程分支。16 个分支的流程图，根本没法画。

至此，读者们一定洞察了问题的端倪：

- 业务流程分支≈业务场景。场景越多，分支越多。
- 对于图形化的流程建模，分支越多，图越难懂。
- 在以客户为中心的场景化创新大背景下，业务流程的分支只会越来越多，不会越来越少。
- 文本化的流程规约值得期待。
- 文本化利于业务规则的描述。

而在上述案例中，我们用的业务流程分析方法，已经漂亮地解决了两大"碎片化"问题。

业务流程=主干流程+分支流程+业务规则。

的确漂亮！

3.15　盘点收获

本章收获 1：只有跨系统规划才有业务架构。

本章收获 2：学习了业务架构二级内容模型。

- 业务架构=组织结构+业务功能+业务流程+商业模式+业务数据。
- 组织结构=组织结构+业务渠道+合作伙伴。
- 业务功能=顶级价值链+第一层功能域分解+第二层功能子域分解。
- 业务流程=主干流程+分支流程+业务规则。
- 商业模式=商业模式画布分析。
- 业务数据=数据域+数据模型+数据规则。

本章的重点是战略驱动的业务架构设计实战步骤。其精华在于，从战略到业务架构蓝图的跨度太大，逻辑链条接不上气儿，所以分两步走，如图 3-38 所示。

- 从战略到策略。
- 从策略到蓝图。

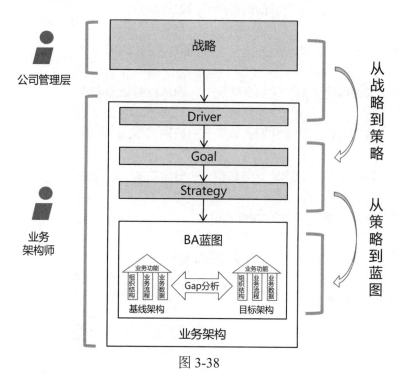

图 3-38

第 4 章 业务驱动的应用架构设计

4.1　什么是应用架构

【定义】什么是应用架构

应用架构（Application Architecture，AA）的常见定义为：

> A description of the structure and interaction of the Applications as groups of capabilities that provide key business functions and manage the data assets.
>
> 应用架构是对一组应用系统及其交互关系的描述，其中的每个应用系统都是一个"逻辑功能组"，用于支撑业务功能、管理数据资产。

定义中强调，应用架构关注每个应用系统的逻辑功能和逻辑能力。拥有这些逻辑功能和逻辑能力，是为了实现两个支撑，如图 4-1 所示。

- 在业务架构中，支撑具体业务功能、业务流程的要求。
- 在数据架构中，支撑具体数据资产的操作管理要求。

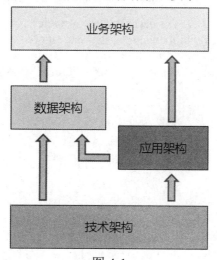

图 4-1

【注意】应用架构不是"某应用的架构"

必须强调，应用架构不关注"每个应用的内部"：

- 既不关注每个应用本身的架构。
- 又不关注每个应用的实现技术。

> The objective here is to define the major kinds of Application system necessary to process the data and support the business.
>
> 应用架构的目标，是定义支持业务和处理数据需要哪些应用系统。
>
> It is important to note that this effort is not concerned with Applications systems design. The goal is to define what kinds of Application systems are relevant to the enterprise, and what those Applications need to do in order to manage data and to present information to the human and computer actors in the enterprise.
>
> 需要注意的是，"应用架构"不是"应用程序的架构"，而是要定义：1）整个企业关注哪些类型的应用系统。2）这些应用系统需要执行哪些操作才能管理数据并将信息呈现给企业人员。
>
> The Applications are not described as computer systems, but as logical groups of capabilities that manage the data objects in the Data Architecture and support the business functions in the Business Architecture. The Applications and their capabilities are defined without reference to particular technologies.
>
> 应用架构中的"应用"，不应被描述为具体的计算机系统，而应被描述为"逻辑功能组"，这些逻辑功能组负责支持"数据架构中数据对象的管理"或支持"业务架构中的业务功能"。也就是说，识别应用是需要的，定义应用功能是需要的，但不需要指出应用的具体实现技术。

维基百科的"应用架构"词条也强调：

- 应用架构描述了业务中使用的应用系统的行为及应用间交互、应用与用户间交互。An Applications architecture describes the behavior of Applications used in a business, focused on how they interact with each other and with users.
- 应用架构关注应用系统使用和创建的数据，但不关注应用系统的内部结构。It is focused on the data consumed and produced by Applications rather than their internal structure.
- 应用架构还定义多个应用系统如何一起工作。Applications architecture defines how multiple Applications are poised to work together.
- 应用架构不同于软件架构，软件架构要搞定的是一个系统的组成方式、具体技术。It is different from software architecture, which deals with technical designs of how a system is built.

4.2 解读 TOGAF 的应用架构方法

【1】AA 设计内容

如图 4-2 所示，TOGAF 规定了各阶段的产出物（Artifact）。

Preliminary Phase • Principles catalog	Phase B, Business Architecture • Organization/Actor catalog • Role catalog • Business Service/Function catalog • Business Interaction matrix • Actor/Role matrix • Business Footprint diagram • Business Service/Information diagram • Functional Decomposition diagram • Product Lifecycle diagram	Phase C, Data Architecture • Data Entity/Data Component catalog • Data Entity/Business Function matrix • System/Data matrix • Class diagram • Data Dissemination diagram	Phase C, Application Architecture • Application Portfolio catalog • Interface catalog • System/Organization matrix • Role/System matrix • System/Function matrix • Application Interaction matrix • Application Communication diagram • Application and User Location diagram • System Use-Case diagram
Phase A, Architecture Vision • Stakeholder Map matrix • Value Chain diagram • Solution Concept diagram			
Phase D, Technology Architecture • Technology Standards catalog • Technology Portfolio catalog • System/Technology matrix • Environments and Locations diagram • Platform Decomposition diagram	Phase E. Opportunities & Solutions • Project Context diagram • Benefits diagram		Requirements Management • Requirements catalog

来源：TOGAF 9 Courseware

图 4-2

其中，应用架构设计的产出物有：

- 应用系统种类的识别
  - Application Portfolio catalog（应用投资清单）
  - System/Organization matrix（系统/组织矩阵）
  - Role/System matrix（角色/系统矩阵）
- 应用系统功能的定义
  - System/Function matrix（系统/功能矩阵）
  - System Use-Case diagram（系统用例图）
- 应用间交互关系定义
  - Application Interaction matrix（应用交互矩阵）
  - Application Communication diagram（应用通信图）
  - Application and User Location diagram（应用与用户位置图）
- 应用接口种类的识别
  - Interface catalog（接口清单）

【2】AA 设计步骤

众所周知，TOGAF 给出的设计步骤，弱而松散。

The recommended process for developing an Application Architecture is as follows:

开发应用架构的推荐过程如下：

1）Understand the list of Applications or Application components that are required, based on the baseline Application Portfolio, what the requirements are, and the Business Architecture scope

根据业务架构范围，识别应用程序和应用组件。

2）Simplify complicated Applications by decomposing them into two or more Applications

优化应用程序和应用组件粒度，例如将应用分解。

3）Ensure that the set of Application definitions is internally consistent, by removing duplicate functionality as far as possible, and combining similar Applications into one

避免应用程序和应用组件的重叠，例如将应用合并。

4）Identify logical Applications and the most Appropriate physical Applications

确定需要的应用系统。

5）Develop matrices across the architecture by relating Applications to business service, business function, data, process, etc.

考虑应用与业务功能、业务流程、数据的关系等。

6）Elaborate a set of Application Architecture views by examining how the Application will function, capturing integration, migration, development, and operational concerns

考虑应用的运行、集成、迁移、开发和操作。

4.3　实践攻略：应用架构的实际工作内容

这一节，看看应用架构的实际工作内容（全面充分版）。

如图 4-3 所示，细化后的落地的应用架构包含四类内容：

- 应用需求
  - 应用功能——应用系统或子系统具有的能力，多指用户可见的能力。
  - 应用服务——应用系统或子系统具有的能力，含用户不可见的能力。
    例如，数据缓存服务、加密传输服务、压缩传输服务。
- 应用项目
  - 需求分配——把应用服务指派（Allocated）给应用组件。
  - 应用组件——应用服务的承担者，是应用架构要识别的主要对象。
  - 应用项目——定义成工作包。
- 应用集成
  - 应用集成——不同应用之间，以及应用与第三方系统之间的交互关系。
  - 组件协作——应用组件之间的交互关系。
  - 接口定义——识别应用间交互的接口有哪些。
- 研发管理
  - 路标管理——又称产品里程碑管理，即产品在某时间点要达到的标准。
  - 接口管理——长期的、跨实施阶段的接口标准的管理。
  - 项目管理——由 PMO 牵头。

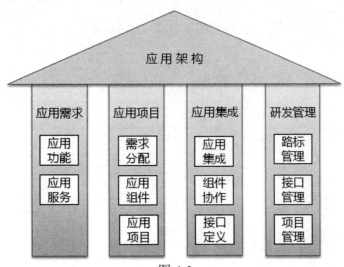

图 4-3

4.4 实践攻略：业务驱动的应用架构设计步骤

这一节，将对应用架构设计过程进行细化、落地，打通从业务功能到应用组件，再到研发管理的整个流程。

本书推荐的落地的应用架构设计过程如图 4-4 所示。

- 上接业务
  - 以业务架构为输入，确认业务功能需求。
- 核心设计
  - 做好从业务到 IT 的转换，识别 IT 应用需求。
  - 分配功能、识别应用、划分项目。
  - 粒度优化、集成设计、接口设计。
- 下接研发
  - 汇总应用架构设计、数据架构设计、技术架构设计，形成《总体技术方案书》。
  - 编写项目级开发管理需要的《需求规格》和《接口定义》文档。

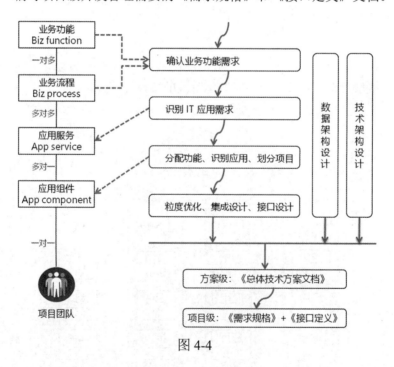

图 4-4

4.5　实践案例：智能物流柜方案——应用架构设计串讲

【1】确认业务功能需求

接下来，我们以这几年流行的智能物流柜为例，串讲应用架构设计的过程。

智能物流柜基于快递员存件和用户取件等核心业务场景，部署一整套分布式软硬件系统，支撑快递员、用户、客服人员之间的便捷高效协同。

下面分三步走，示范如何将模糊的"取件"业务功能变得清晰明确。我们采取的办法是细化业务流程，直至弄清所有分支业务场景。

第一步：第一版流程分析，理骨架。如图 4-5 所示。我们一般会舍弃细节，使业务的大框清晰。

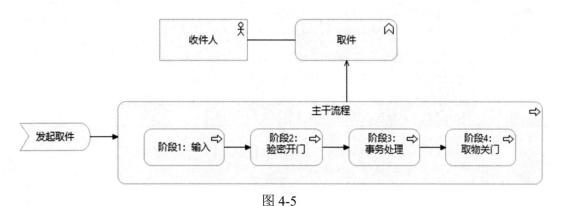

图 4-5

第二步：第二版流程分析，步骤化。如表 4-1 所示，取件功能的主干流程包含输入、验密开门、事务处理和取物关门 4 个阶段，共 10 个步骤。

表 4-1

业务功能概述		
业务背景	智能物流柜方案	
业务功能	取件	
	业务流程	业务规则
输入阶段	1）收件人单击系统默认显示的广告页	
	2）系统进入取件密码输入界面	
	3）收件人输入完整、正确的取件密码	
验密开门阶段	4）系统确认密码正确	
	5）系统打开相应的箱门，并显示箱位提示界面	
事务处理阶段	6）系统修改相应的快递箱为"未占用"状态	
	7）系统设置取件密码失效	
	8）系统记录取件流水，包括时间、快递单号、快递柜号、快递箱号	
取物关门阶段	9）收件人取出快件，并关闭箱门	
	10）系统返回默认显示的广告页	

第三步：第三版流程分析，找分支。

笔者推荐的最佳实践之一，就是借助 Archimate 业务流程图启发场景化思维，穷举流程分支。Archimate 业务流程图很强大，它不仅支持业务角色、业务功能、业务流程、业务步骤、业务事件、业务数据的建模，还支持主干流程、分支流程建模。使用 Business Process（业务流程）元素的继承关系即可。

如图 4-6 所示，该案例囊括的业务场景/分支流程如下。

- 输入阶段：6 个业务场景/分支流程。
  忘记密码、密码错误、输入超时、刷脸取件、遇问题客服远程开门、遇问题重开门。
- 验密开门阶段：1 个业务场景/分支流程。
  超时打赏。
- 取物关门阶段：3 个业务场景/分支流程。
  箱门未关、多件连取、取出通知。

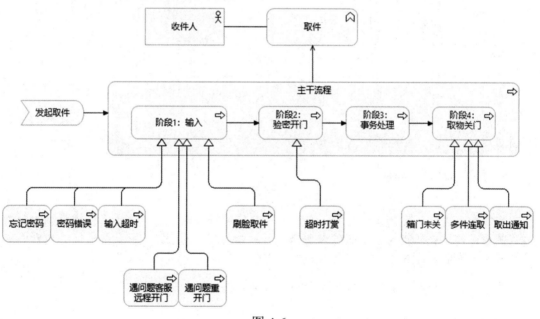

图 4-6

综上所述，对每个业务功能进行业务场景穷举分析，是应用架构设计的起跑线。业务场景找得全，就赢在了起跑线上；业务场景找不全，就输在了起跑线上。

【2】识别 IT 应用需求

承接上一步，应用架构师清楚了解了取件功能的 1 个主干流程、10 个分支流程。

如图 4-7 所示，根据已有的 1 个主干流程、10 个分支流程的分析结果，应用架构师可以进一步得到 IT 应用系统必须提供的应用功能和应用服务。

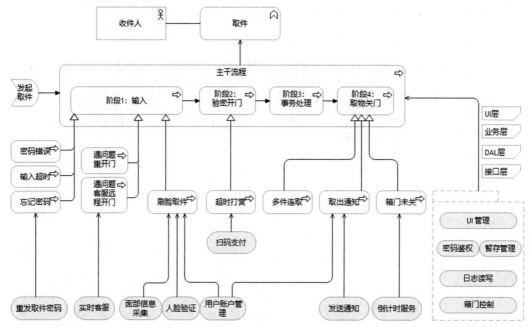

注：本图采用标准的 Archimate 建模语法。

图 4-7

惊不惊喜？我们发现图中虽然信息量不小，但逻辑非常清楚。例如，图中的超时打赏业务流程，需要扫码支付应用服务来支撑。再例如，图中的刷脸取件业务流程，包含面部信息采集、人脸验证和用户账户管理三个应用服务。

当然，这一环节是有很多技巧支撑的。本章后续会讲一讲。

总结几句。

场景分支怎么牵引应用功能？答：关键是根据主干流程和分支流程发现应用服务（Application Service）。

为什么业务流程能够牵引和导出应用功能呢？答：因为所有业务流程片段和业务步骤的实现只有以下三种模式，无一例外。

- 纯手工。靠工作人员或客户自己手工处理，没有 IT 系统的辅助。
- 全自动。靠 IT 应用系统自动处理。
- 半手工/半自动。有 IT 应用系统辅助、但需工作人员或客户操作和交互。

　　如图 4-8 所示，其中，输入阶段需要人机协作完成，属于半自动模式；事务处理阶段需要软件自动修改箱态等，属于全自动模式；取物关门阶段是收件人亲力亲为，属于纯手工模式。

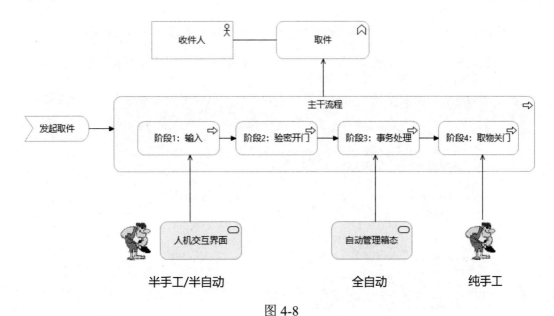

图 4-8

【3】分配功能、识别应用

承接上一步，继续设计应用架构。

现在到了设计应用服务这一步，还没到具体应用组件（Application Component）。

接下来，应用架构师需要整理所有应用功能和应用服务，并映射到相应的应用系统和应用组件中。

如图 4-9 所示，我们可以很轻松地识别出需要开发的前端程序、后台程序等。

- 快递柜控制软件负责实现 UI 管理、倒计时服务、日志读写、箱门控制、面部信息采集等应用服务。
- 后台软件负责实现密码鉴权、暂存管理、重发取件密码、实时客服等应用服务。

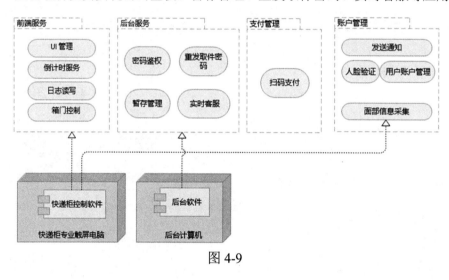

图 4-9

　　这一步也能识别配套的第三方应用或第三方云服务。如图 4-10 所示，第三方的"聚合支付平台"参与扫码支付。（注：扫码支付功能粒度太大了，竟要前端、后台和聚合支付平台都参与实现。这违背了"服务粒度原则"，这是后话，因为后续还有"粒度优化"步骤。）

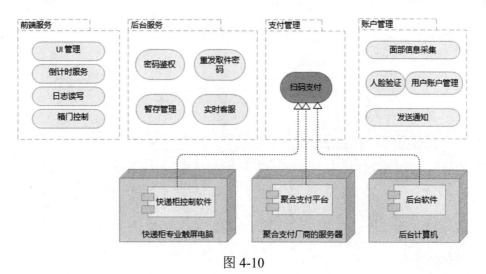

图 4-10

【4】盘点 IT 应用需求（迭代）

当通过一张图总体刻画应用需求时，业内人士习惯称这张图为总体功能架构。画法有两种，第一种是功能树。如图 4-11 所示。

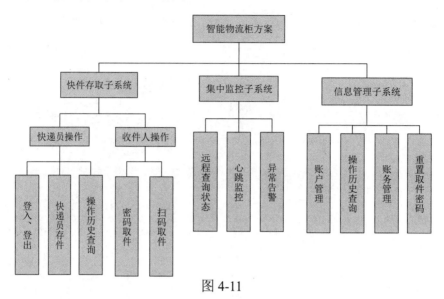

图 4-11

第二种是层次图。如图 4-12 所示。

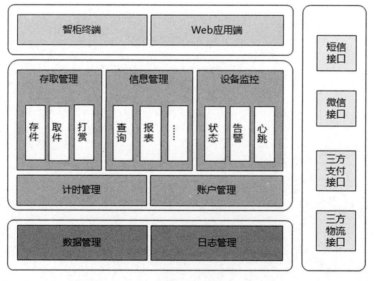

图 4-12

值得说明的是，首先，对于层次图风格的总体功能架构，一般习惯是"上渠道、中业务、下支持、右接口"的布局，且鲜有例外。其次，层次图风格的总体功能架构，比功能树更清楚、内容更充分。因为对于功能树，大家习惯只放"用户可见"的功能，而在总体功能架构的案例中，功能树并不关心以下服务和需求：1）计时服务和数据管理这些基础服务；2）智柜终端和 Web 应用端这些用户访问渠道需求；3）短信接口和微信接口这些接口需求。

所以，本书推荐使用层次图来盘点 IT 应用需求。

【5】分配功能、识别应用（迭代）

"分配功能、识别应用"这一步设计，有两种做法，二者也可以结合使用。

- 粗糙做法：由功能树或功能层次图驱动。
  - 如果盘点 IT 应用需求后，直接根据功能树或功能层次图映射到一组协同的应用程序。
  - 如果应用架构师经验丰富，那么这么做就没问题。
- 精细做法：由业务流程驱动。
  - 细抠业务流程，识别每个场景分支需要的 IT 服务或应用功能。
  - 继续把上述 IT 服务或应用功能分配到应用程序。
  - 业务流程很多，需要应用架构师重复进行以上设计。

图 4-13 示范了精细做法。

- 分析了取件业务功能的所有业务场景后，识别出了 13 个应用服务。
  例如，图中的 UI 管理、倒计时服务等都是应用服务。
- 应用服务必须由应用组件负责，应用架构师借此分配功能、识别应用。
  例如，图中的后台软件负责密码鉴权、重发取件密码、暂存管理、实时客服、扫码支付等应用服务。
  又如，账户管理系统负责用户账户管理、发送通知等应用服务。

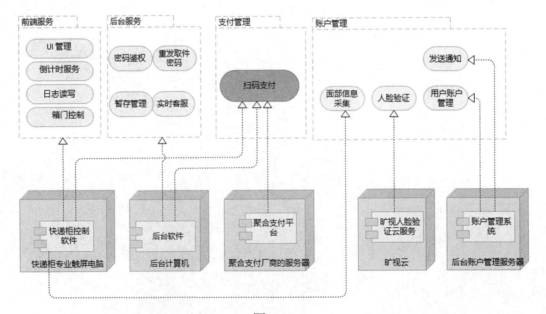

图 4-13

对比而言，粗糙做法更适合有同类项目经验的应用架构师，如图 4-14 所示。

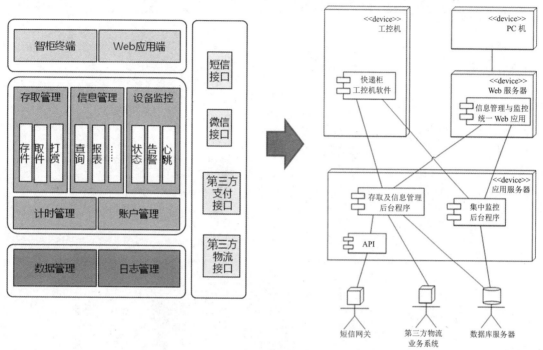

图 4-14

【6】粒度优化

服务粒度的确定，是一个从设计到验证不断反复的过程。

例如，当前的设计是把"扫码支付"识别成一个服务。如图 4-15 所示，智能快递柜控制软件、聚合支付平台、后台软件都要参与扫码支付这个服务的实现。

● 第三方的聚合支付平台负责生成收款码。
● 快递柜控制软件负责显示收款码。
● 第三方的聚合支付平台负责收款。
● 后台管理软件负责管理收款后的业务逻辑。

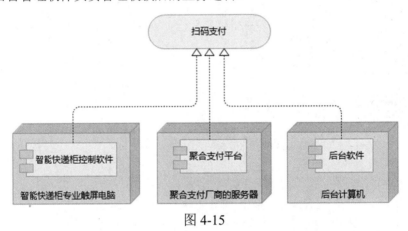

图 4-15

上面的设计是否有问题呢？

一方面，后台软件作为组件，实现多个应用服务。这没有问题。

另一方面，扫码支付这一个应用服务，需要前端、后台、支付平台三个应用组件才能实现。这就有问题了！

因为，如果任何应用服务需要多于一个应用组件来实现，那么它的粒度就太大了，这种服务是根本无法重用的。

所以，扫码支付这个应用服务应该被拆分。将一个大服务拆分成四个小服务，如图 4-16 所示，最终的生成收款码、（基于收款码）收款这些服务粒度适中，便于重用。

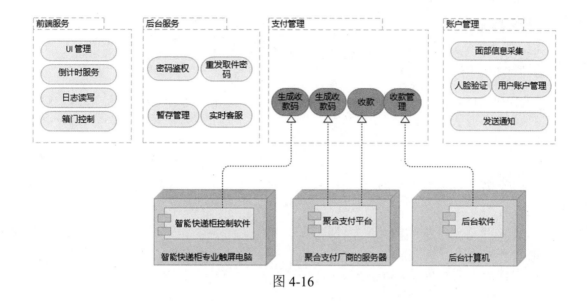

图 4-16

总结一下。本书在业界流传的服务粒度划分原则之外，补充如下原则。

第一，服务的粒度必须放在应用架构设计过程中，只有经过验证和调整才能决定。即：干巴巴地基于纯业务苦想，无法决定服务粒度。

第二，不允许出现一个服务需要多个组件实现，这种情况是服务需要拆分的强烈信号。

第三，允许一个组件实现多个服务，这是有益的。相反，每个组件仅实现一个服务会造成组件竖井。

【7】划分项目

在项目经理看来,应用架构师通过几步建模分析识别出的应用服务（Application Service）就是项目需求中的功能需求。

应用架构师应该设计目标应用架构、对比基线应用架构、进行 Gap 分析,从而识别出哪些应用服务属于增量能力,并定义成工作包。这样,项目经理后续就可以领导项目组搞开发了。

下面假设取件功能就是要从无到有进行开发的增量能力,示范如何划分工作包。如图 4-17 所示,识别出 3 个开发工作包、1 个技术采购工作包:

- 开发工作包
  - 前端开发工作包。
  - 后台开发工作包。
  - 平台开发工作包。
- 技术采购工作包
  - 采购聚合支付平台。
  - 租用人脸验证云服务。

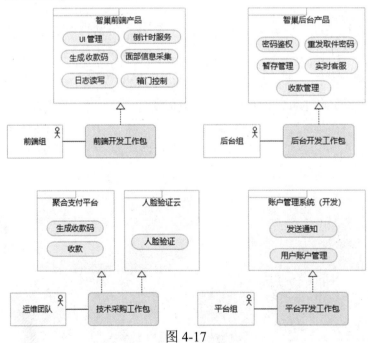

图 4-17

值得说明,图 4-17 采用 Archimate 标准。图中模型元素有 Business Actor（业务参与者）、Work Package（工作包）、Product（产品）、Application Service（应用服务）等。

【8】集成设计、接口设计

应用架构设计成果应包含应用之间集成关系、协作关系、协作接口的设计。

推荐应用架构师对每个重要的业务功能，都提供专业的"UML 时序图"说明其实现原理。图 4-18 刻画了"存件功能"的组件协作关系。

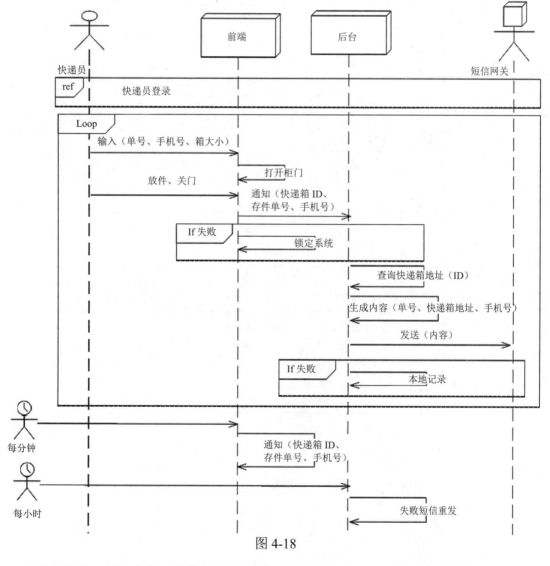

图 4-18

其中的接口设计内容，最终集中汇总成一个或多个《XXXX 接口设计文档》。

【9】架构产物对比

图 4-19 是智能物流柜方案的应用架构，设计负责人是应用架构师。

请注意，应用架构的重点是描述方案的应用构成。在图 4-19 中，智能物流柜方案包含了后台管理程序、集中监控程序、快递柜控制软件等。

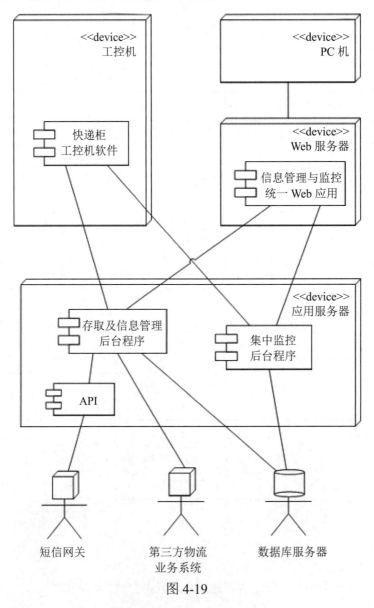

图 4-19

　　对比一下。明确了前端组、后台组、平台组的分工之后，三个组长开始设计软件架构。图 4-20 是智能快递柜控制软件的架构，设计负责人是前端组长。

　　请注意，图中所列存件 UI 模块、存取管理模块、日志读写模块等，均为智能快递柜控制软件的具体组成模块。因此，这个例子不是整体方案的应用架构，而是其中一个软件的软件架构。

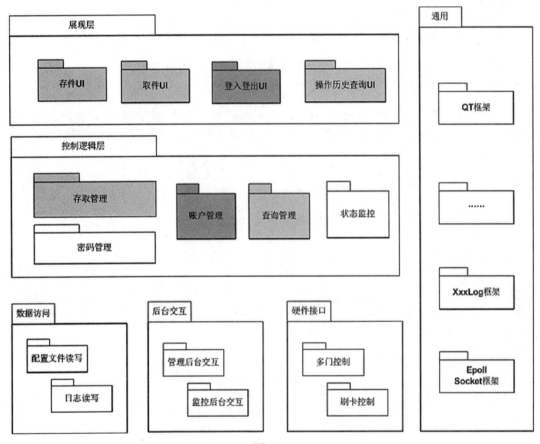

图 4-20

4.6 实践案例：数字化服务转型——确认业务功能需求

【推进】应用架构设计的起跑线

贯穿案例，继续推进。

应用架构设计是业务驱动的。应用架构师第一步应该做什么？

第一，业务架构蓝图中的业务功能和业务流程，是应用架构设计的主要依据。

第二，第3章讲了，业务功能=顶级价值链+第一层功能域分解+第二层功能子域分解。这其中最细的功能域分解，就是应用架构设计的起跑线。

第三，更具体而言，应用架构师盯住所有新增的业务功能域、增强的业务功能域，然后确认里面的每个业务功能，了解每个业务功能的业务流程、业务步骤、业务规则。

业务需求决定应用架构。业务需求是指业务架构五要素吗？

回到本书"数字化服务转型"这个贯穿案例。应用架构师发现，IT解决方案面临如下六大块业务需求，如图4-21所示。

- 销售
- 检票
- 客服
- 清算
- 现场设备管理
- IT运维管理

图 4-21

值得说明的是，这六个业务需求板块后续将由应用架构、数据架构、技术架构共同承载。

有读者问：这六个业务需求板块不就是将来的销售系统、检票系统、客服系统、清算系统、设备管理系统、运维管理系统这六个应用系统吗？难道不是一对一的吗？

当然不是。在本章应用架构设计的结尾处，我们将看到如下 IT 解决方案。

- 2 个综合门户：客户综合服务门户、企业综合管理门户。
- 5 个智能终端：手机 App、自动售票机、进站检票机、出站检票机、列车长终端。
- *N* 个应用系统：余票查询系统、购票系统、检票系统、补票系统、营销分析系统、营销计划系统、客服系统、清算系统、设备管理系统、运维管理系统。

【推进】全新业务功能的流程分析

继续推进。

对于每个新增或增强的业务功能,应用架构师应确认自己了解其业务流程、业务步骤、业务规则。例如, 如图 4-22 所示, 通过专业分析发现, 看似简单的购票业务功能也有 10 多个分支场景。

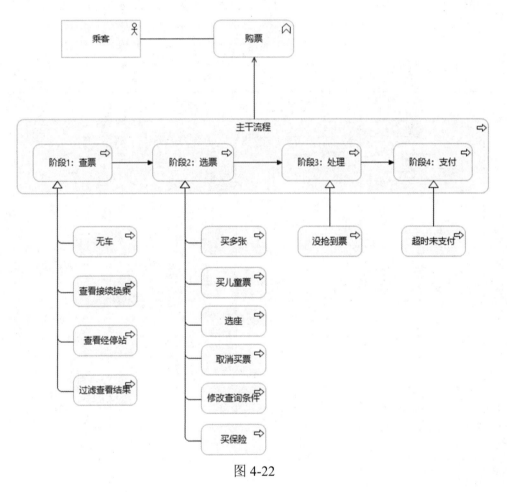

图 4-22

提醒一:想要应用架构设计得好,关键就在业务场景不能漏,例如买多张票、买儿童票、买保险、查看经停站、查看接续换乘方案……

提醒二:业务场景的穷举式识别,最好在业务架构环节做好做透,如果做不到,也必须在应用架构环节的开始阶段,由应用架构师和业务架构师一起补充完成。否则就是需求遗漏、需求定义不清晰,后患无穷。

【推进】半新业务功能的流程分析

假设网上购票业务功能早已存在，现在仅需要在其中增加购买保险这一特性。

此种情况下，可以采用 Archimate，也可以继续用传统的跨泳道流程图。在跨泳道流程图中，不同泳道代表业务流程的不同执行者，泳道内刻画执行的活动。

如图 4-23 所示，我们升级了老的跨泳道流程图，补充了新的业务场景，也标明了新增功能点。

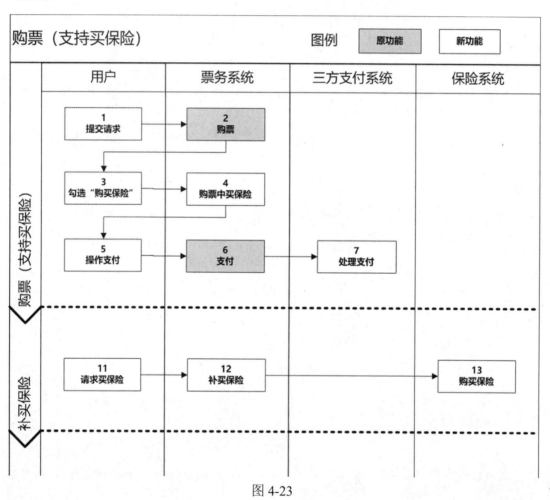

图 4-23

4.7　实践案例：数字化服务转型——识别 IT 应用需求

【推进】识别 IT 应用需求

在全球的信息技术实践中，从业务架构设计过渡到应用架构设计，既是重点，又是难点。纵观林林总总的可视化建模语言，Archimate 对上述业务转 IT 的支持做得最好且到位。

如图 4-24 所示，从业务场景层到应用服务层，再到应用程序层，映射关系非常清晰直观：

- 业务场景层——购票。
- 应用服务层——生成订单、锁库存、改库存等应用服务被发现。
- 应用程序层——例如，订单管理组件负责实现生成订单。

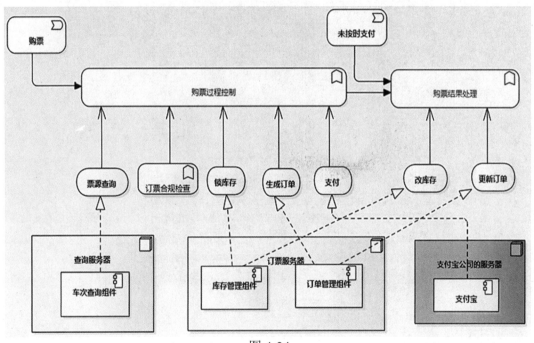

图 4-24

这一步占应用架构师工作量的很大一部分，因为量多。如果业务层面的业务功能、业务场景多，那么在 IT 层面的应用功能、访问渠道、集成接口就多。

这一步也是应用架构师的看家本领、必备技能。从业务需求中发现 IT 研发要实现的所有 IT 应用功能、访问渠道、集成接口，都该由应用架构师来做。

【推进】盘点 IT 应用需求

方案大、IT 应用功能多怎么办？答：汇总。

也就是说，当业务功能很多时，应用架构师要分别进行流程分布设计，识别 IT 应用需求，然后将所有 IT 应用需求汇总。

业内人士习惯称 IT 应用功能的汇总图为总体功能架构。如图 4-25 所示，笔者采用业界比较普遍的上渠道、中业务、下支持、右接口风格。

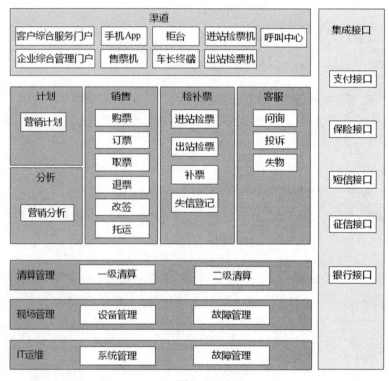

图 4-25

下面是几个思考题。

- 思考题 1：图 4-25 中征信接口这项 IT 接口需求，是从哪个业务功能中发现的？
- 思考题 2：图 4-25 中车长终端这项 IT 渠道需求，是从哪几个业务功能中发现的？
- 思考题 3：图 4-25 中客户综合服务门户这项 IT 渠道需求，将整合哪些 IT 应用功能？
- 思考题 4：图 4-25 中企业综合管理门户这项 IT 渠道需求，将整合哪些 IT 应用功能？

4.8　实践案例：数字化服务转型——分配功能、识别应用

接上一步，继续推进。总体应用架构如图 4-26 所示。

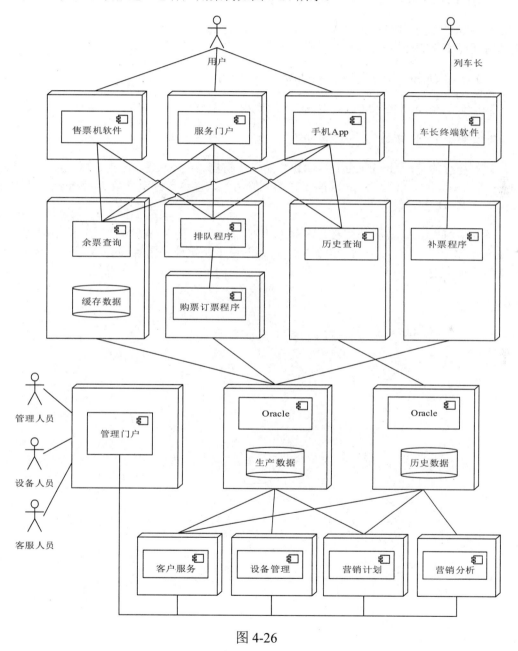

图 4-26

4.9 关键技能：Archimate 建模

【概述】Archimate 的历史、地位和工具

Archimate 是一种可视化语言，定义了一组默认的图标，用于描述、分析和交流企业架构随时间而变化的许多关注点。

2009 年，Open Group 发布了 ArchiMate® 1.0 标准。

2012 年，ArchiMate® 2.0 标准发布。这个版本的建模已经比较实用，确立了流行趋势。

2016 年，ArchiMate 3.0 标准发布。

值得注意的是，Archimate 是 TOGAF 的最佳搭档。这不仅是因为它们同出一门（都由 Open Group 推出），还因为 Archimate 确实太好用了，以至于频繁使用 Archimate 建模能够加深对 TOGAF 的理解。

虽然支持 Archimate 的建模工具很多，但最好用的还是 Archi。笔者早期用 EA 做 Archimate 建模，但自从 Archi 4.0 发布以后，笔者就坚定地只用 Archi 4.x 了——因为它用起来实在是方便啊！

【概述】 Archimate 的建模能力

图 4-27 来自 Archimate 官方，Archimate 核心的建模元素可以分为三层。

- Business 层：包括业务功能、业务流程等。
- Application 层：包括应用服务、应用组件等。
- Technology 层：包括技术服务、技术组件等。

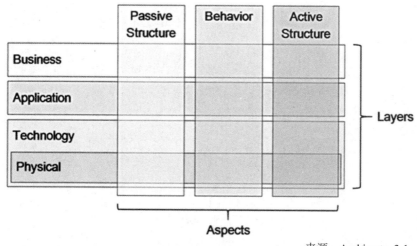

来源：Archimate 3.1

图 4-27

和 UML 建模不同，Archimate 建模不仅规定了元素的形状、也规定了元素的颜色。

- Business 元素——黄色。
- Application 元素——蓝色。
- Technology 元素——绿色。

【模型图 1】组织结构图

第 1 个模型图，推荐组织结构图。如图 4-28 所示，笔者简单建模了证券公司的组织结构。Archimate 组织结构图最常见的形式是组织的职能层次结构，而不是组织结构树。

需要掌握的技能点：

- Business Actor（业务功能）元素——可以是部门、人员、客户、合作伙伴。例如图 4-27 中的营业部。
- Grouping（组）元素——用于将元素分组。例如图 4-28 中的营业层包含营业部和机构销售部。

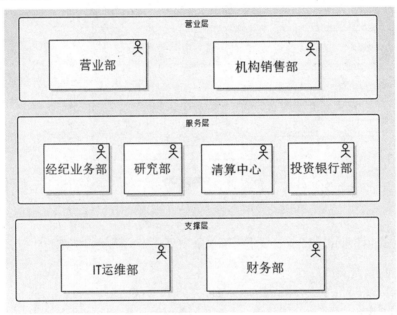

图 4-28

【模型图 2】业务功能域分块图

第 2 个模型图，是和组织结构紧密相关的业务功能域分块图。

图 4-29 是证券公司的业务功能域分块图。在实践中，一个常见思维是：根据组织结构职能层次，识别每层职能负责的业务功能，从而画出业务功能域分块图。图 4-29 中，经纪业务是业务域，它包含的开户、清算、交易是业务功能。

需要掌握的技能点：

- Business Function（业务功能）元素——例如图 4-29 中的 IPO、融资、发债。
- Business Service（业务服务）元素——例如图 4-29 中的监控和权限。
- Grouping（组）元素——用于将元素分组。例如图 4-29 中的经纪服务包含受理、行情、研报。

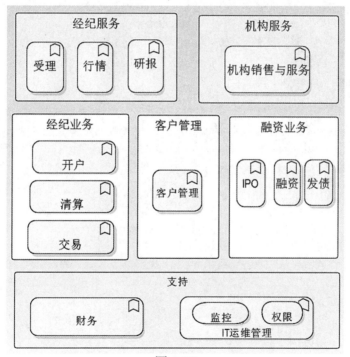

图 4-29

【模型图3】业务渠道、合作伙伴

接下来看业务渠道和合作伙伴如何通过建模表示。

如图 4-30 所示，图中列出了证券公司的多种业务渠道，即营业部柜台、客户端、手机 App、综合服务门户等。同时，图中列出了证券公司的合作伙伴，即上海证券交易所、深圳证券交易所、中国证券登记结算有限责任公司、客户交易结算资金第三方存管银行等。

需要掌握的技能点：

- Business Interface（业务接口）元素——例如图 4-30 中的客户端、手机 App。
- Business Role（业务角色）元素——例如图 4-30 中的上海证券交易所。
- Serving（服务）关系——例如图 4-30 中综合服务门户"服务于"个人投资者和企业客户。

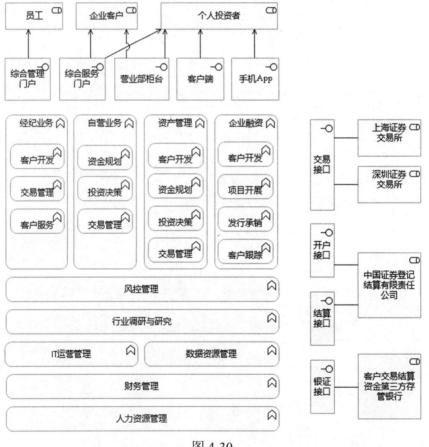

图 4-30

【模型图 4】业务流程图

第 4 个模型图是业务流程图。

图 4-31 所示是简化的委买业务流程。其中，发起买入的是业务事件，它触发了买入挂单、规则检查、上报给交易所等业务处理流程。

需要掌握的技能点：

- Business Process（业务流程）元素——既可以表示流程，又可以表示步骤。例如图 4-31 中的买入挂单。
- Business Event（业务事件）元素——业务事件可以来自客户或组织内部。例如图 4-31 中的发起买入。
- Triggering（触发）关系——表示流程的触发或步骤上下游关系。例如图 4-31 中先执行买入挂单，后执行规则检查。
- 业务流程可以嵌套——例如图 4-31 中的处理买入和买入挂单都用了流程符号。

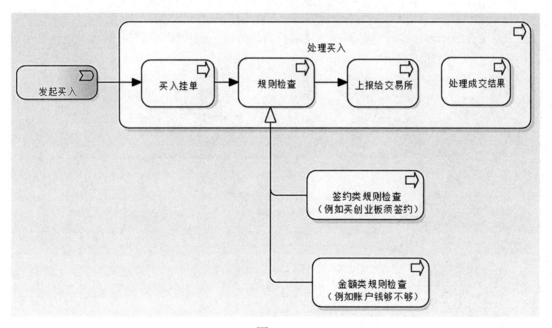

图 4-31

【模型图5】业务事件、数据实体

图 4-31 中有些问题，最大的问题是处理成交结果是孤零零的元素，没有上游过程。

现在，我们引入新的业务事件、业务对象、展现表单，来完善它。图 4-32 是更为完整的委买业务流程。其中，处理成交结果要依靠交易所回报业务事件，或者当日收市业务事件来触发。

需要掌握的技能点：

- Business Event（业务事业）元素——业务事件可以来自客户或组织内部。例如图 4-32 中的发起买入。
- Business Object（数据实体）元素——例如图 4-32 中的买入申报指令。
- Representation（展现界面）元素——例如图 4-32 中的买入交易表单。
- Triggering（触发）关系——表示流程的触发或步骤上下游关系。例如图 4-32 中的当日收市触发处理成交结果。
- Access（存取）关系——表示数据读写。例如图 4-32 中的买入挂单生成买入申报指令。
- Realization（实现）关系——表示能力的实现。例如图 4-32 中的买入交易表单界面实现了指令采集。

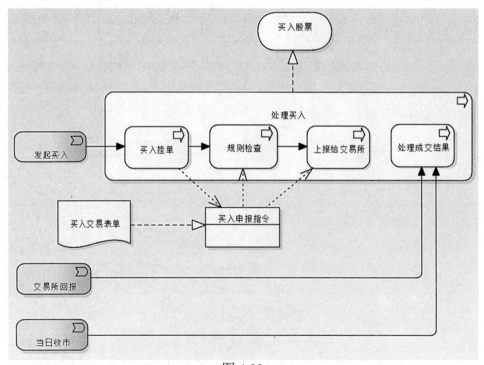

图 4-32

【模型图 6】应用服务、应用组件

第 6 个模型图，我们看看"业务—应用—技术映射分析图"。

如图 4-33 所示，它横跨了业务、应用、技术这三层。从上往下，第一层是业务流程，第二层是应用服务和应用组件，最下层是硬件设施。

图中，上报给交易所是业务流程片段，它依靠委托上报应用服务实现。委托上报服务是由集中交易系统这个应用组件/应用系统来实现的。集中交易系统运行在主机这个硬件节点上。

需要掌握的技能点：

- Application Service（应用服务）元素——同 SOA 的服务。例如图 4-33 中的挂单录入服务。
- Application Component（应用组件）元素——例如图 4-33 中的手机 App。
- Realization（实现）关系——表示能力的实现。例如图 4-33 中的手机 App 实现挂单录入服务。
- Serving（服务）关系——例如图 4-33 中的挂单录入应用能力服务于买入挂单业务流程片段。
- Mapping（映射）思维——从业务到应用，再到技术的映射。

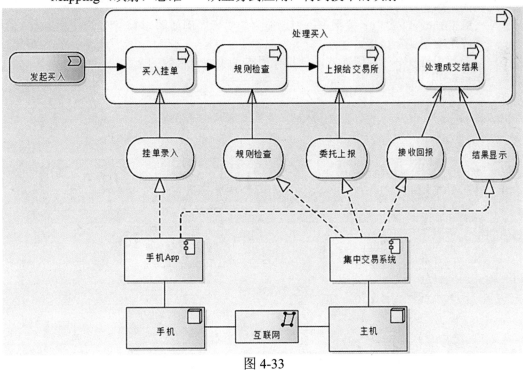

图 4-33

【模型图 7】Motivation 分析图

业务能力要创新、应用功能要创新，有什么好的思维工具？

第 7 个要介绍的 Archimate Motivation 分析图可以激发创新灵感。如图 4-34 所示，证券公司想要提高利润怎么办？答案是，把利润建模成 Driver，然后开始头脑风暴和发散思维，推出了收费的"短线宝"等应用。

至此可见，Motivation 分析图既是创新思维的工具，又是高效汇报的利器。

需要掌握的技能点：

- Driver（驱动）元素——表示外部变化或高层关注点。例如图 4-34 中的利润是领导层关注点。
- Assessment（评估）元素——表示考虑的方面。例如图 4-34 中的柜台成本高削弱了利润。
- Goal（目标）元素——表示子目标或应对决策。例如图 4-34 中提供线上渠道的决定。
- Requirement（需求）元素——表示架构某方面的需求。例如图 4-34 中的提供 PC、手机应用。
- Association（关联）关系——表示关联关系。例如图 4-34 中从利润到柜台成本高的关联思维。
- Realization（实现）关系——表示能力的实现。例如图 4-34 中通过提供 PC、手机应用实现线上渠道。
- 分解思维——一种层次式的结构化思维。类似麦肯锡的金字塔原理。

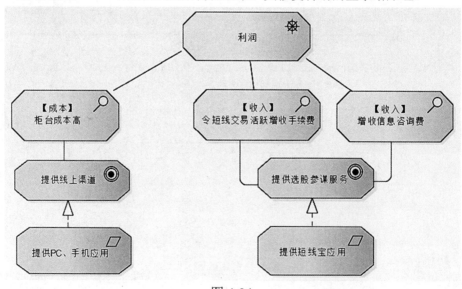

图 4-34

【模型图 8】技术服务、系统软件

与应用服务、应用组件的关系相同，这里的技术服务、系统软件也是"能力定义—能力实现"的关系。如图 4-35 所示。

需要掌握的技能点：

- Technology Service（技术服务）元素——表示基础技术能力。例如图 4-35 中的数据摄入和多维分析。
- System Software（软件系统）元素——表示技术组件、系统软件、中间件。例如图 4-35 中的 Apache Druid。
- Realization 关系——表示能力的实现。例如图 4-35 中的 Apache Druid，作为系统软件，它实现了数据摄入和多维分析技术服务。
- Serving（服务）关系——表示使用和被使用的关系。例如图 4-35 中的数据摄入技术能力服务于电商 OLAP 系统。
- Mapping（映射）思维——从应用到技术的映射。例如图 4-35 中显示，客户需要软件帮助其进行用户日志 OLAP 分析，需要搭建电商 OLAP 系统，经分析映射到数据摄入和多维分析技术服务，最后选型采用 Apache Druid 系统软件来实现。

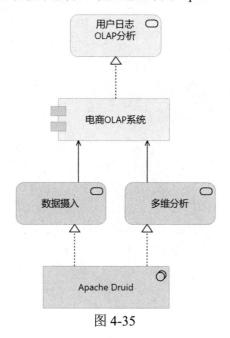

图 4-35

【模型图 9】SOA/微服务的服务识别

我们已经发现，Archimate 天生就支持面向 SOA 和微服务的设计。

图 4-36 是购买火车票业务对应的 SOA 应用架构。例如，订单管理组件实现生成订单和更新订单这两个服务。

需要掌握的技能点：

- Application Service（应用服务）元素——同 SOA 的服务。例如图 4-36 中的锁库存服务、改库存服务。
- Application Component（应用组件）元素——应用组件或程序。例如图 4-36 中的库存管理组件。
- SOA 设计原则——允许一个组件实现多个服务，不允许多个组件实现一个服务。

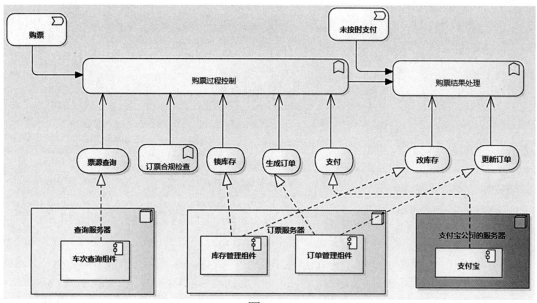

图 4-36

【模型图 10】产品、工作包

架构设计影响研发管控，需要产品、工作包等概念。

第 10 个要介绍的模型图可以刻画产品能力、工作包、承担者。

例如，一家银行原本不支持无卡预约取现业务，现在要支持。于是，就需要分析有哪些应用服务、应用功能要做，对应到哪几个产品，以及项目组如何安排。图 4-37 清清楚楚地说明了涉及的三个产品及项目开发工作包：

- 手机银行前端产品——新增应用服务 3 项，由前端组负责开发。
- 手机银行后台产品——新增应用服务 5 项，由后台组负责开发。
- ATM 控制软件产品——新增应用服务 1 项，由 ATM 组负责开发。

需要掌握的技能点：

- Product（产品）元素——产品经理负责的产品。例如图 4-37 中的手机银行前端产品。
- Work Package（工作包）元素——在指定时间内、借助资源达成特定目标的一组活动，一个项目可以是一个工作包，也可以拆成几个子工作包。例如图 4-37 中的前端开发工作包、后台开发工作包。
- Business Actor（业务功能）元素——可以是部门、人员、客户、合作伙伴。例如图 4-37 中的前端组。
- Realization（实现）关系——能力的实现。例如图 4-37 中的前端开发工作包实现手机银行前端产品的功能增强。

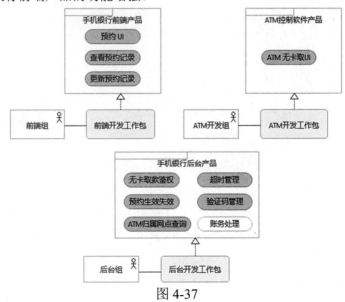

图 4-37

【模型图 11】Gap 分析、增量能力

如果面对的是大型产品、大规模研发，那么 Gap 分析、产品路标就不可或缺了。

图 4-38 展示了从手机银行 1.0 版到手机银行 2.0 版的 Gap 分析，识别了主项目和辅项目。

- 主项目——手机银行 2.0 版。交付物支持无卡预约取款的新版手机银行。
- 辅项目——ATM 升级。交付物支持无卡预约取款的新版 ATM 端软件。

需要掌握的技能点：

- Work Package（工作包）元素——表示在指定时间内，借助资源达成特定目标的一组活动。一个项目可以是一个工作包，也可以拆成几个子工作包。例如图 4-38 中的主项目——手机银行 2.0 版工作包。
- Deliverable（交付物）元素——表示交付物。例如图 4-38 中的 ATM 端，无卡预约取款代表的新版软件。
- Gap（差距）元素——表示能力差距。例如图 4-38 中的 Gap，无卡预约取款是还没实现的功能。
- Plateau（稳定）元素——表示架构或产品的中间稳定版本，或称为产品路标。例如图 4-38 中的手机银行 1.0 版。
- 增量开发思维——因为大型产品生命周期长，所以必须不断进行增量开发、增量升级。

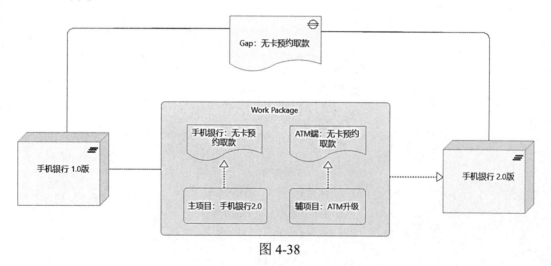

图 4-38

【模型图 12】产品路标、工作包

再补两刀。

实际上，银行取款业务的模式创新一直就没停过——从无卡预约取款到无卡扫码取款，再到无卡刷脸取款，不断翻新。

在这种情况下，研发管控就特别需要做好产品路标管理，面向市场步步为营地不断推陈出新。如图 4-39 所示。

需要掌握的技能点：

- Plateau（稳定）元素——表示架构或产品的中间稳定版本，或称为产品路标。例如图 4-39 中的手机银行 2.0 版、手机银行 3.0 版、手机银行 4.0 版。
- 产品路标思维——面向市场，统一规划产品推出的节奏，以及每一步新增的特性。

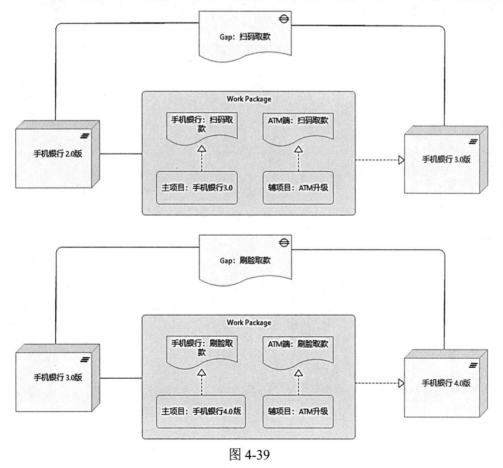

图 4-39

4.10　关键技能：穷举业务流程分支场景

【思想】多线到多点的映射

实话实说，大多数人都会从业务向技术映射。但是，设计效果都好吗？

主要问题在于很多架构师只是"粗枝大叶"地从单线向多点映射。他们只重视经典的业务流程主干，这是我们称的单线。映射得到的是多个应用服务、应用功能，这是我们称的多点。

而成功的关键在于从多线向多点映射。其中，多线指一个大的、完整的业务功能所涉及的多个可能的业务流程执行路径。

也就是说，必须关注分支流程，穷举分支流程。例如图 4-40，在智能物流柜案例中，如果没有分析出超时打赏这个分支流程（属业务），就不可能发现扫码支付这个应用服务（属IT）。

同理，如果忽视了箱门未关场景下屏幕自动返回主画面这个分支流程，就漏掉了倒计时服务这个应用服务。

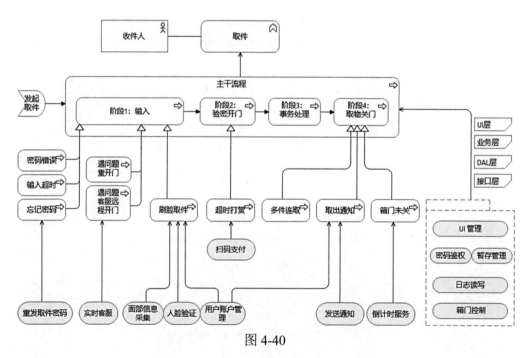

图 4-40

【方式 1】Archimate 图方式的穷举分析

那么问题来了，怎样才能够更从容、更高效地穷举所有业务流程的分支场景呢？

采用 Archimate 图方式的穷举分析，要点有二，贵在多练，直至精通：

- 按阶段刻画主干流程，以 3~5 个阶段最为常见。
- 穷举每阶段特殊场景。例如，输入时会有哪些特殊或异常场景出现。这不就是场景化思维的本质吗？

例如，我们在智能物流柜上取件时，其输入阶段可能出现不少特殊情况、异常情况。如图 4-41 所示。

- 用户：把密码输错了。
- 用户：输入密码超时了。
- 用户：忘记了密码。
- 用户：要求采用刷脸取件方式取件。
- 用户：发现门没有正常打开，要求重新开门。
- 用户：遇到问题解决不了，请客服远程开门。

穷举上面的多条业务流程，就保证了多线向多点映射的成功。

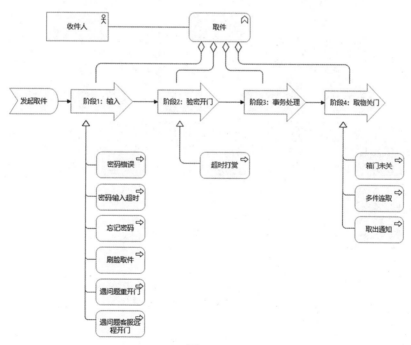

图 4-41

【方式2】结构化文本方式的穷举分析

如果采用结构化文本方式的穷举分析，则效果更好，优势更多：

- 写文本比画图省力。
- 便于基于文本直接升级，因为免去了画图这一环。
- 便于附上业务规则。
- 便于附上UI原型。

看表4-2所示的例子。对于"取件"业务功能，前文用"方式1"做了分支场景穷举分析，现在用"方式2"，更专业。

表4-2

业务功能概述	
业务背景	智能物流柜方案
业务功能	取件功能
业务流程	主干流程： 　　• 取件 分支流程： 　　• 密码错误 　　• 密码输入超时 　　• 箱门未关 　　• 忘记密码 　　• 多件连取 　　• 超时打赏 　　• 刷脸取件 　　• 遇问题重开门 　　• 遇问题客服远程开门 　　• 取出通知
前置条件	收件人收到通知短信，内含快递单号、物流柜位置、取件密码等信息
后置条件	Case 1：验密通过意味着本交易成功。应保证密码失效、改箱态、记流水 Case 2：验密不通过。应保证不开门、不改箱态。但应记录流水

主干流程		业务规则
输入阶段	1）收件人单击系统默认显示的广告页	
	2）系统进入取件密码输入界面	
	3）收件人输入完整、正确的取件密码	必须为 8 位字符和数字组合，前 7 位为密码，最后一位为校验码
验密开门	4）系统确认密码正确	
	5）系统打开相应的箱门，并显示箱位提示界面	
事务处理	6）系统修改相应的快递箱为"未占用"状态	
	7）系统将取件密码设为失效	
	8）系统记录取件流水，包括时间、快递单号、快递柜号、快递箱号	时间的单位为毫秒
取物关门	9）收件人取出快件，并关闭箱门	
	10）系统返回默认显示的广告页	
分支流程【输入阶段】		业务规则
3a）如果密码输入错误，那么： 系统停留在密码输入界面， 系统清空密码输入框，并提示"密码错误请输"		
3b）如果连续 20 秒无输入动作，那么： 系统自动返回默认显示的广告页		
3c）如果忘记密码，那么： 系统在密码输入界面提供"忘记密码"按钮		

续表

分支流程【输入阶段】	业务规则
收件人单击"忘记密码"按钮 系统显示重获密码界面，提示输入手机号和验证码 收件人输入手机号，获取验证码，输入验证码 系统重新发送密码到用户手机	
3d）刷脸取件 系统在取件页面提供"刷脸取件"按钮 收件人单击"刷脸取件"按钮，进入刷脸功能 系统启动摄像头 收件人按照系统提示完成活体检测及脸部特征识别 系统验证通过后打开对应箱门 收件人取件	活体检测需要检测人眨眼、头部缓慢转动等 仅当系统判断该手机号绑定了物流柜提供商公众号，并成功设置了人脸密码时，才有此功能分支
3e）遇问题重开门 系统在取件页面提供"取件遇到问题"按钮 收件人单击"取件遇到问题"按钮，输入密码 系统再次打开箱门	仅当系统检测到此箱格没有再次放件时，才支持此功能分支
3f）遇问题客服远程开门 系统在取件页面提供"取件遇到问题"按钮 收件人单击"取件遇到问题"按钮，根据界面电话联系客服 客服根据电话号码、收件地址、物流柜地址等内容校验客户身份 客服使用后台系统下发开门指令给物流柜 系统记录操作日志	
分支流程【验密开门阶段】	**业务规则**
4a）如果系统判断快件在物流柜存放超过 12 小时 系统显示打赏界面，显示打赏二维码、"跳过打赏"按钮等内容 收件人扫描打赏二维码，并支付 系统接收到取件人的打赏，打开箱门 系统记录客户打赏记录（金额、时间、取件人、箱格号、快件号）	
分支流程【取物关门阶段】	**业务规则**
9-10a）如果收件人没有关闭箱门，则 系统在 20 秒后自动返回默认显示的广告页	
9-10b）如果系统判断该手机号在本柜还有未取快件，则 系统显示继续取件或返回主页选择界面 收件人选择继续取件 系统进入取件密码输入界面	
9-10c）如果系统判断该手机号绑定了物流柜提供商的公众号，则 系统通过物流柜提供公众号向收件人发送取出通知 系统发送日志	

UI 原型、UI 流程
取件遇到问题相关 UI 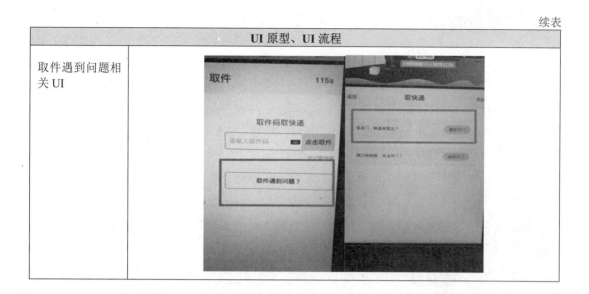

4.11　盘点收获

本章收获 1：业务驱动的应用架构设计过程，最大的特点是以果导因。业务运营能力是果，IT 系统是因；业务需求是果，应用架构是因。

本章收获 2：业务流程比较神奇，主干流程和所有分支流程构成一棵树，能完美覆盖所有业务场景，这对应用架构师是莫大的助力，有助于全面识别 IT 应用功能（或微服务架构需要的所有 Service）。

Application 并无直接价值，价值来自跑起来的业务流程。这意味着恪守业务驱动设计原则的重要性。

业务流程通常是分散的。这意味着一个刷脸支付业务流程，将横跨前端、后台、聚合支付平台等多个系统或程序。

所以，以业务流程为抓手，识别 IT 功能，引出 IT 应用，就是最符合业务驱动本质的做法。

本章的遗憾就是，对强大无比的 Archimate 建模讲得太少。读者可以联系我，上我的培训课。

第 5 章　业务驱动的数据架构设计

5.1 什么是数据架构（DA）

此处，笔者有必要给出两个数据架构的定义。

DAMA（国际数据管理协会）的 DMBOK2：

> Data Architecture dcfines the blueprint for managing data assets by aligning with organizational strategy to establish strategic data requirements and designs to meet these requirements.
>
> 数据架构是通过对齐企业战略得到的数据资产管理蓝图。具体而言，该蓝图用于指导如何分析数据需求、如何做好相应设计。

TOGAF 9.2：

> A description of the structure and interaction of the enterprise's major types and sources of data, logical data assets, physical data assets, and data management resources.
>
> 数据架构描述企业的主要数据类型及其来源、逻辑数据资产、物理数据资产、数据管理资源，上述所有内容的结构和交互。

第一个定义来自 DAMA，它强调数据架构要对齐企业战略，高度够，但不具体。

第二个定义来自 TOGAF 9.2，更具体一些，因为列举了数据架构要干哪几件事。

综上可见：1）数据架构的终极目标，是支撑战略；2）数据架构的具体内容包括数据需求、数据设计、数据管理这三大块；3）其中数据设计的内容，远远超越了数据模型设计，一般包括数据模型设计、数据存储设计、数据流设计。

因此，数据架构的设计内容可以总结为五大方面。如图 5-1 所示。

- 数据类型及其来源——例如一个电商企业，需要操作日志、生产库、BI 库这三类数据。
- 数据模型——例如日志模型、进销存模型、BI 星型模型，以及跨业务的主数据模型。
- 数据存储——例如日志采用文本文件存储，其他采用关系数据库存储。
- 数据流——例如从查找商品到下订单涉及的数据流。
- 数据管理——例如数据安全的规定，包括物理安全、网络安全、系统安全、应用安全、数据安全、管理安全。

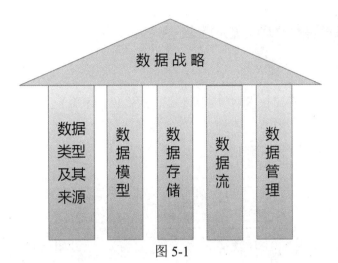

图 5-1

143

5.2　数据架构在全球的快速发展

【鸟瞰】数据领域的全球发展

20 世纪 60 年代，存储技术取得了突破，此后数据技术就一发不可收拾，加速发展起来。

图 5-2 梳理了数据技术和管理发展的重要时间节点。

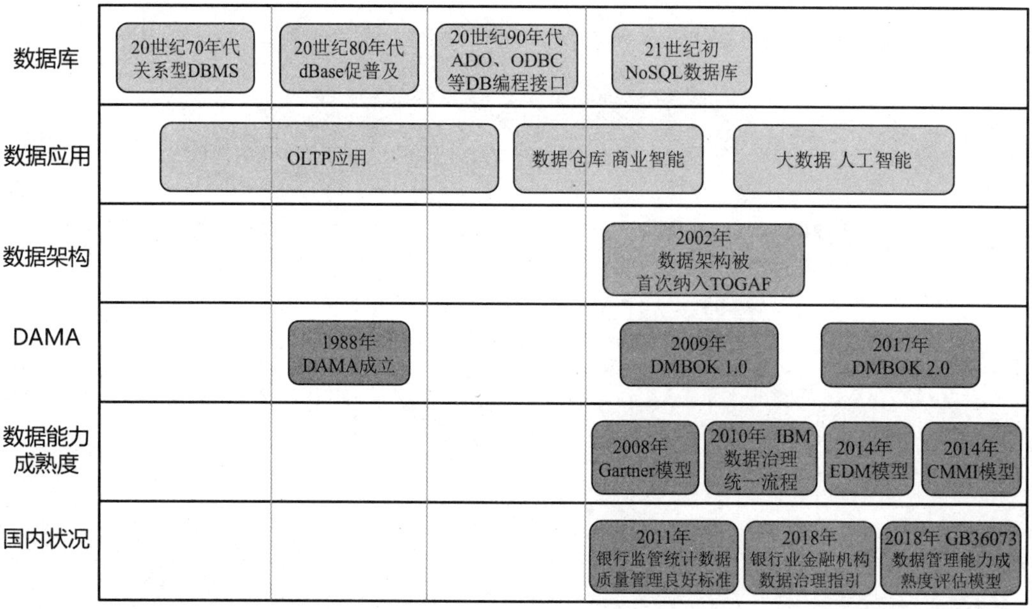

数据库	20世纪70年代 关系型DBMS	20世纪80年代 dBase促普及	20世纪90年代 ADO、ODBC 等DB编程接口	21世纪初 NoSQL数据库		
数据应用	OLTP应用		数据仓库 商业智能	大数据 人工智能		
数据架构			2002年 数据架构被 首次纳入TOGAF			
DAMA	1988年 DAMA成立		2009年 DMBOK 1.0	2017年 DMBOK 2.0		
数据能力 成熟度			2008年 Gartner模型	2010年 IBM 数据治理 统一流程	2014年 EDM模型	2014年 CMMI模型
国内状况			2011年 银行监管统计数据 质量管理良好标准	2018年 银行业金融机构 数据治理指引	2018年 GB36073 数据管理能力成 熟度评估模型	

图 5-2

【技术】从 OLTP 到 BI，再到 BigData

大量存储和访问数据的软件技术，统称为数据库技术。

数据库的应用发展，大体上分为联机事务处理（OLTP）、数据仓库/BI、大数据三个阶段。我们所熟知的重要时间节点如下：

- 20 世纪 70 年代开始，关系型数据库几十年占据主流。其中，IBM 数据库和 Oracle 资格最老。
- 20 世纪 80 年代开始，桌面数据库促进了数据应用发展。例如，Dbase、Foxbase、Foxpro。
- 20 世纪 90 年代开始，主流开发语言都支持 DB-API 了。例如，微软的 ADO、Java 的 JDBC 等。
- 1990 年前后，数据仓库技术和商业智能应用热度渐起。10 年后，BI 领域厂商数量众多、市场规模可观。
- 2003—2006 年，Google 公开发表了 GFS、MapReduce、BigTable 三篇重要论文，成为大数据领域的奠基之作。
- 2006—2008 年，HDFS、MapReduce、Pig、Hive 陆续发布。前两者构成 Hadoop 1.0，后两者则是 Hadoop 生态圈组件。
- 此后几年，NoSQL 技术一路狂奔，众多重量级产品陆续发布。例如，图数据库 Neo4j、文档数据库 MongoDB、列数据库 HBase。
- 2010 年至今，大数据技术栈不断完善，重量级产品层出不穷。例如，致力于批处理与流式处理的开源框架 Spark、Storm、Flink 等。

从技术栈构成上，笔者觉得"数据库=文件+存取引擎+编程 API"或"数据库=文件+存取引擎+处理引擎+编程 API"的总框架是没错的。

首先，我们看到大量数据技术，在文件格式上大相径庭。如图 5-3 所示。

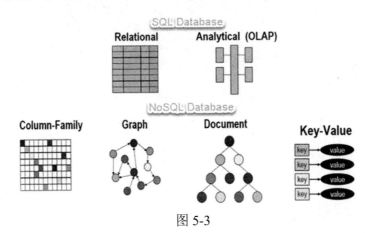

图 5-3

例如，传统的 RDBMS 都是"行存储"结构，因此包含了"聚集函数"的查询经常导致"全表遍历"发生——表对应的物理页都被读出，硬盘 I/O 暴增，性能下降。这是因为 Count()、Min()、Max()这些聚集函数是围绕"列"的。

再例如，MongoDB 的文件存储格式为由 JSON 扩展而来的 BSON，因此可以存储比较复杂的数据类型。

又例如，Redis 采用 Key-Value 存储结构。其中的 Value 类型包括 string（字符串）、list（线性表）、set（集合）、zset（sorted set，有序集合）和 hash（哈希表）等。支持的操作有 push、pop、add、remove、交集、并集、差集、排序等。

其次，探究数据技术的编程 API，同样精彩纷呈。

- Low Level API——在数据引擎之上，包装供开发者使用的函数接口或类接口。
- High Level API——致力于提供更多编程支持，从而实现能力更强、编程更简的目标。在形式上，可以是声明式编程 API，也可以不是。
- 统一 API——通常是高级 API。实现 API 的引擎会负责解析和执行，此引擎有可能根据需要选择和调用不同的低级 API 及其引擎。

仅举一例，小窥一下数据技术编程 API 的发展规律。

早先的 Spark Streaming：

1）围绕 StreamingContext、DStream 等类型的低级 API。

2）本质上，DStream 类型就是对引擎内部的 RDD 数据类型的一种封装，构建出时间上连续的 RDD，即"流"的概念。对 DStream 的操作就是对引擎内部 RDD 的操作。

3）只支持流式计算。

后来的 Structured Streaming：

1）决定使用 DataSet、DataFrame API，主要目标是希望用户不再需要分别为批处理和流处理编写不同的代码，而是直接使用同一套代码。

2）DataSet、DataFrame 等核心类型，本质上和流处理、批处理等具体方式无关。

3）Structured Streaming 的 API 属于高级 API，还提供了一些 Streaming 处理特有的 Trigger、Watermark、Stateful operator 等支持。

【管理】从"数据架构"到"企业数据管理"

DAMA 早在 1988 年就成立了，但 DAMA 变得广为人知，是由于 DMBOK 的发布。

- 2009 年，DMBOK 1.0 发布。
- 2017 年，DMBOK 2.0 发布。这是目前的最新版。

数据架构作为四种架构之一，最早在 2002 年发布的 TOGAF V8.0 中被引入。此前的 TOGAF V7.0 只关注了技术架构。

企业数据管理（Enterprise Data Management，EDM）方面：

- 最早的数据成熟度模型是 2008 年 Gartner 定义的企业信息管理成熟度模型（EIM Maturity Model）。
- 此后 IBM、CMMI 的缔造者 SEI、欧洲 EDM 委员会分别发布了数据成熟度模型，标志着此领域被广泛重视并广受认同。
- 国内银行业跟进国际数据管理新经验最为积极，2011 年就由银监会发布了《银行监管统计数据质量管理良好标准》。此标准 2018 年被废弃，被《银行业金融机构数据治理指引》取代。同年，我国的《数据管理能力成熟度评估模型》标准也作为国标发布。

5.3 解读 TOGAF 的数据架构方法

【1】DA 设计内容

在 TOGAF 中，列举了如下目标数据架构设计内容：

- 定义业务数据模型（Business data model）。
- 定义逻辑数据模型（Logical data model）。
- 确认数据满足业务（Data entity/business function matrix）。
- 定义数据交换格式（Data interoperability requirements（例如，XML schema, security policies）。
- 规定数据管理过程（Data management process model）。
- 编写相关架构文档，并将数据发送给利益相关方，纳入反馈（If Appropriate, use reports and/or graphics generated by modeling tools to demonstrate key views of the architecture. Route the Data Architecture document for review by relevant stakeholders, and incorporate feedback）。

【2】DA 设计步骤

TOGAF 9.2 定义的数据架构过程，包含了 9 步。看上去似曾相识：

1）确定设计哪些视点（Select Reference Models, Viewpoints, and Tools）。

2）开发基线数据架构（Develop Baseline Data Architecture Description）。

3）开发目标数据架构（Develop Target Data Architecture Description）。

4）进行差距分析（Perform Gap Analysis）。

5）识别能力增量（Define Candidate Roadmap Components）。

6）架构影响评估（Resolve Impacts Across the Architecture Landscape）。

7）干系人评审（Conduct Formal Stakeholder Review）。

8）敲定数据架构（Finalize the Data Architecture）。

9）创建架构文档（Create the Architecture Definition Document）。

为什么会似曾相识？因为 TOGAF 9.2 定义的业务架构、数据架构、应用架构、技术架构都是 9 步，而且 9 步的框架一模一样！

虽不失优雅，但指导不足。

还好，TOGAF 还有如下建议，笔者把它解读为这么几步：

1）数据需求分析；

2）数据需求定义；

3）数据模型设计；

4）其他相关设计。

TOGAF 推荐的数据架构设计过程如下（The recommended process for developing a Data Architecture is as follows）：

1）分析业务与应用需要。
Collect data-related models from existing Business Architecture and Application Architecture materials.

2）定义合理的数据需求。
Rationalize data requirements and align with any existing enterprise data catalogs and models; this allows the development of a data inventory and entity relationship.

3）数据模型设计。
Update and develop matrices across the architecture by relating data to business service, business function, access rights, and Application.

4）数据生命周期、数据流、数据接口、数据存储设计。
Elaborate Data Architecture views by examining how data is created, distributed, migrated, secured, and archived.

5.4　实践攻略：数据架构的实际工作内容

【落地】实际的数据架构内容模型

下面给出数据架构的实际工作内容模型，如图 5-4 所示。

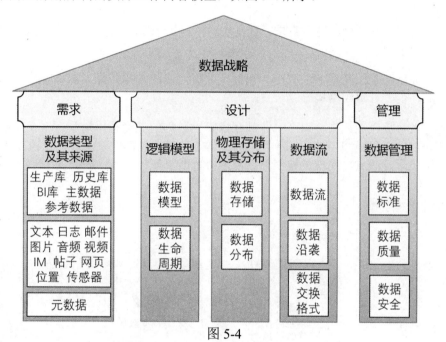

图 5-4

【要点】数据需求＝需要管理哪些数据类型

需求规定做什么，设计规定怎么做。

数据架构整个规划和设计过程，最重要的一点就是决定做什么，即做好数据需求的分析。

第一，根据不同领域的业务需求，识别生产库、历史库、BI库对应的数据类型。例如订单、出勤记录等。

第二，要做跨部门跨业务的分析，识别主数据对应的数据类型。例如客户、供应商、物料、产品、员工、组织结构等。

第三，大数据风潮已来，每个企业都在探索大数据的深度应用场景。这就需要识别类型广泛的非结构化数据和半结构化数据。例如文本、日志、邮件、图片、音频、视频、IM消息、论坛帖子、网页、地理位置信息、传感器数据采集记录等。如图5-5所示。

非结构化数据类型

文本与文档文件

上网操作日志
应用操作日志

传感器采集数据

图片

视频文件

音频文件

邮件内容

聊天等社交记录

图 5-5

【要点】静态设计＝逻辑数据模型＋物理存储与分布

数据架构的静态设计方面，总的来说应包含四点：

- 数据模型设计。
- 数据生命周期设计。
- 数据存储策略设计。
- 数据分布策略设计。

逻辑数据模型，一般采用 ER 图设计。它和具体的物理数据模型独立，可以映射成不同的物理结构。

例如，前期用 ER 图设计了逻辑数据模型，后期可转换成如下物理模型：

- 网状数据库（CODASYL）。
- JSON、OData 等物理结构。
- 传统 OLAP 模型——还是关系数据库，采用星型模型，包含事实表、维度等。
- 大数据 OLAP 模型——例如转成 Apache Druid 列存储模型，包含维度列、度量列等。
- 其他。

谈谈数据生命周期设计。虽然数据生命周期带有数据管理的性质，但笔者坚决认为要在设计数据模型的同时设计数据生命周期。因为，就像表结构设计影响后续编程一样，数据生命周期的设计也影响后续编程。

例如，一个电商系统的订单数据在生产库中保存 3 个月，在只读库中永久保存，这一数据生命周期设计是需要编程实现的：

- 只读库的写入——每天晚上，批处理程序将生产库中的已完成订单导入只读库。
- 生产库的清理——每月月终，批处理程序负责清除生产库中超过 3 个月的订单记录。

再谈谈数据生命周期设计的图形化表达。我们知道数据模型常用 ER 图表达，那么，数据生命周期设计怎么表达呢？

图 5-6 表示的是电商订单数据生命周期设计。也就是说，我们用状态图或者状态图的变体来描述数据生命周期。

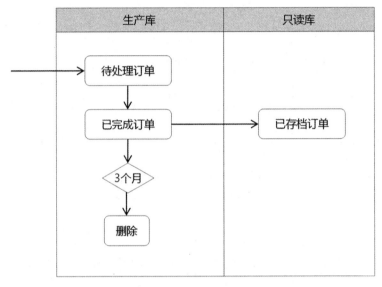

图 5-6

除了上述数据模型设计、数据生命周期设计，数据架构静态设计还包括数据存储策略设计、数据分布策略设计。图 5-7 所示是一个数据分布设计的例子。

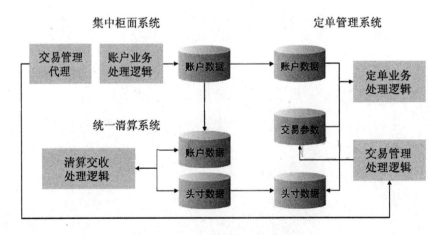

图 5-7

【要点】动态设计＝数据流＋数据沿袭＋数据接口

架构设计，既要设计静态方面，又要设计动态方面。

数据架构的动态设计应包含三点：

- 数据流——定义数据传递与使用路径。
- 数据沿袭——BI 领域多见数据的抽取、转换、装载、清洗、脱敏，而数据沿袭（data lineage）用于明确数据和数据源头之间的追踪关系。
- 数据接口——定义数据交换格式。

例如，图 5-8 是一个典型的数据流设计。

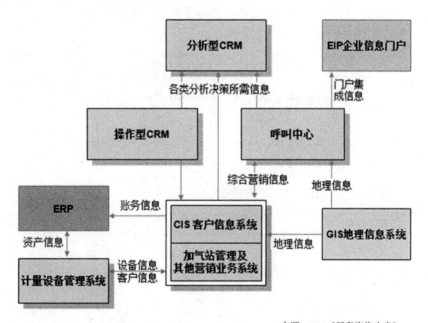

来源：IBM《新奥咨询方案》

图 5-8

【要点】数据管理＝数据标准＋数据质量＋数据安全

数据架构的最后一块内容是数据管理，包括：

- 数据标准。
- 数据质量。
- 数据安全。

数据标准（Data Standard）指保障数据定义和使用的一致性、准确性和完整性的规范性约束。例如，对企业数据的分类标准；数据的命名、数据类型、长度、业务含义、计算口径、归属部门等的统一规范；数据质量标准。

在数据标准中，规定数据的类型或数据域的划分最为常见。例如，图 5-9 是中国联通公开发布的数据域划分标准。

来源：《中国联通 IT 系统数据架构规范》

图 5-9

再说数据质量。数据质量是围绕数据标准展开的检查、分析、提升工作。一个企业如果没有数据标准，它可怎么管理数据质量呢？没法管。

　　例如，银行关键数据的准确性、完整性、全面性、及时性等要求是在《数据标准》中规定的；如果数据库里保存的用户手机号码准确度不达标（有些用户手机号换了并没有到银行更新），就叫数据质量不高。

　　数据安全，包括数据安全标准与策略、数据安全管理规范、数据安全审计规范等。其中《数据安全标准》可以认为是《数据标准》的子集，包含横跨技术维、系统维、管理维等的数据安全规定。

5.5 实践攻略：业务驱动的数据架构设计步骤

【落地】设计步骤

业务驱动的、落地的数据架构设计过程，如图 5-10 所示，步骤如下。

- 上接业务。
  1）分析数据需求，识别数据类型。
- 静态设计。
  2）设计数据模型，定义生命周期。
  3）规划数据存储，设计数据分布。
- 动态设计。
  4）数据流、数据沿袭、数据交换格式设计。
- 数据管理。
  5）根据需要，定义数据标准、数据质量、数据安全等规程。

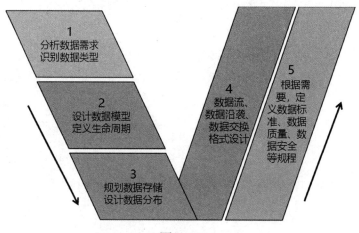

图 5-10

【揭秘】业务驱动的数据建模

数据模型是数据架构的核心。

数据建模是业务驱动的。业务是果，数据是因，业务驱动就是以果导因。

再具体点儿说，不同粒度的业务定义能驱动不同粒度的数据建模。

- 业务主题、业务域【巨粒度】——发现数据域。
- 业务流程【粗粒度】——发现数据实体、属性、关系。
- 功能、特性（Feature）【中粒度】——细化数据实体、属性、关系。
- 业务规则【细粒度】——细化数据实体、属性、关系。

上述四种做法不仅不矛盾，而且经常多种做法同时使用。

下面，笔者就以一个电商系统为例，说明四种做法用到的关键分析技术。

5.6 实践案例：电商系统——业务驱动的数据建模串讲

【1】巨粒度——业务主题驱动的数据建模

UC 矩阵系出名门，是著名的老牌分析工具。1981 年，IBM 公开发布了业务系统规划（Business System Planning，BSP）方法，UC 矩阵就在其中。BSP 方法明显推动了全球业务架构实践的发展。

UC 矩阵可以作为发现数据域、识别数据类型的主力工具，为数据建模"打头炮"。

表 5-1 是一个电商系统的 UC 矩阵。它分为纵横两维。

- 每行——代表一个巨粒度的业务主题或业务功能域。
- 每列——代表一个巨粒度的数据域。

表 5-1

功能	数据类									
	销售范围	计划销量	商品供应	财务计划	成本	顾客	实际销量	商品库存	订货	职工
销售范围管理	C	U					U			
营销计划	U	C		U	U	U			U	
商品需求	U	U	C	U			U			
财务规划				C	U					
成本会计			U	U	C				U	
财务会计		U		U	U		U			
销售范围拓展		U		U	U	C	U			
销售管理	U					U	U	C	U	
库存控制			U				U	C	U	
订单服务								U	C	
用人计划										C
人员业绩考核										U

表中的业务功能域粒度巨大。例如表 5-1 中的销售管理业务域，肯定要包含商品销售、商品退货、应收对账、销售查询、销售统计、销售月报等多个业务功能。

表 5-1 中的数据域也粒度巨大。例如顾客数据域，未来应细化成一组数据实体。

表 5-1 中的 C 代表创建（Create），例如营销计划功能创建计划销量数据，U 代表使用（Use）。

【2】粗粒度——业务流程驱动的数据建模

前一步，业务域驱动了数据域的发现。

往下走，业务域包含一组业务功能，而每个业务功能都由业务流程来实现和支撑。此时，就该让业务流程驱动数据实体、属性、关系的发现了。

本书认为，借助 Archimate 业务流程图识别图中每个流程片段相关的数据实体，最为方便。

图 5-11 是电商网上购物的完整流程，以及发现的数据实体。

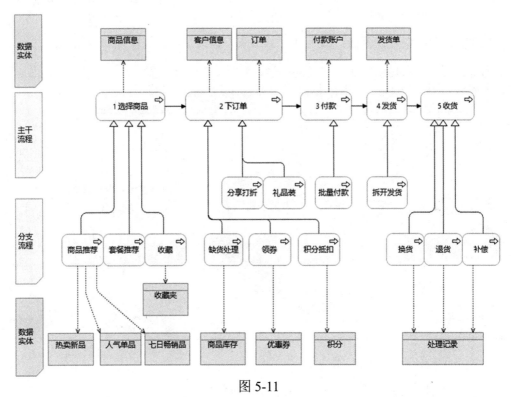

图 5-11

图 5-11 中的订单、发货单等都是流程片段驱动识别出的数据实体。

必须说明，业务流程驱动的数据建模能否成功，依赖于"完整的主干流程＋穷举了分支流程"这个条件是否满足，不能含糊。例如，图 5-11 中的主干流程包括选择商品、下订单、付款、发货、收货 5 个流程片段，是完整的。同时，上述每个流程片段都有分支流程，分支流程总数达 10 余个。

假设图中漏了收藏这个分支流程，那么我们就无从发现"商品收藏夹"这个数据实体。

【3】中粒度——功能特性驱动的数据建模

前一步，业务流程驱动了数据实体、属性、关系的发现。

往下走，功能特性粒度更细一些。或者说，业务流程说到底还是围绕业务的，而功能特性却是"业务能力+系统能力"无所不包。所以，功能特性提供了更多的信息量。

例如，电商系统商品信息页的如下两个功能特性的粒度就比较细，业务流程一般覆盖不到。

- 放大查看商品图片。
- 信息页显示商品归属类别。

功能特性驱动的数据建模，用于推动数据实体、属性、关系模型的细化。

为了支持信息页显示商品归属类别的功能特性，架构师就要引入商品类目（Category）数据实体。如图 5-12 和图 5-13 所示，架构师设计了两级类目模型。

图 5-12

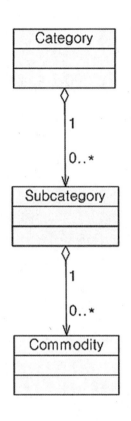

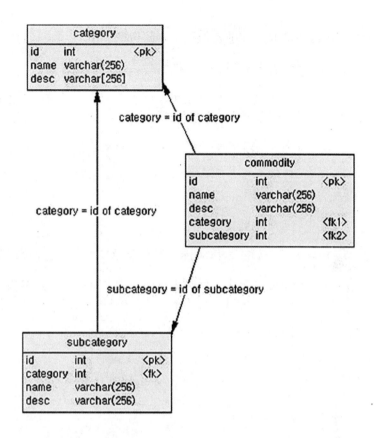

（类图）　　　　　　（物理数据模型）

图 5-13

【4】细粒度——业务规则驱动的数据建模

前一步，架构师研究了功能特性，细化了数据模型。

但是，数据建模还没有结束，因为还有数不胜数的业务规则需要支持，有的业务规则需要特定数据模型的支持才能实现。

所以，接下来架构师要做的，就是明确业务规则，并逐条确认数据模型是否支持它。

相反，数据建模若是缺了业务规则驱动这一环，结果只能是模型不完整、模型质量差、研发后期不断改模型、改程序。

让我们继续电商案例。

问题来了，如图 5-14 所示，两级类目模型是否支持如下两条业务规则呢？

- 商品类目深度，原则上不做限制，可以有任意多级
- 一个商品可以同时属于多个父类目

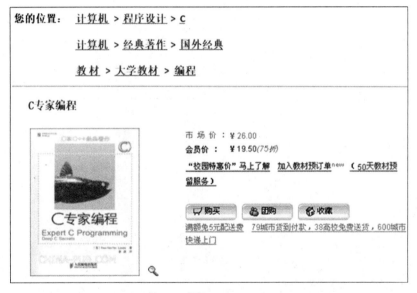

图 5-14

于是，架构师要把两级类目模型变成多级类目模型，以便支持多级类目这条业务规则。如图 5-15 所示。

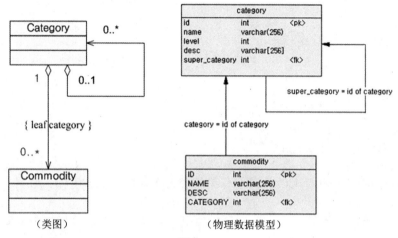

图 5-15

但此时的数据模型，还不支持多个父类目这条业务规则。于是，架构师继续细化和改进，设计出多级多归属类目模型。如图 5-16 所示。

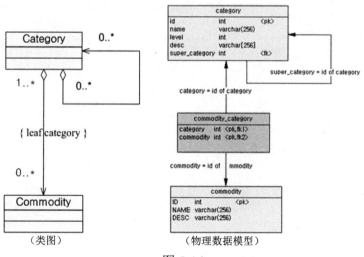

图 5-16

这种数据模型不断被"拷问"、被"细化"、被"调整"的过程，不正是迭代化设计模式吗？

最终，在大量业务的驱动之下，数据模型越来越细、越来越贴近业务现实。

5.7 实践案例：数字化服务转型——分析数据需求，识别数据类型

【推进】数据架构设计的起跑线

贯穿案例，继续推进。

数据架构设计是业务驱动的，数据架构师的第一步工作是分析数据需求、识别数据类型。

全面识别数据类型，具体做法有二。

- 细致的做法——用 UC 矩阵，仔细梳理每个业务功能产生什么数据、消费什么数据。
- 粗犷的做法——直接将业务功能域借过来当作数据域，分析每个数据域需要的数据类型。

回顾业务架构蓝图中我们划分的业务功能域，见图 4-21。

【推进】识别结构化数据类型

识别结构化数据类型，如图 5-17 所示。

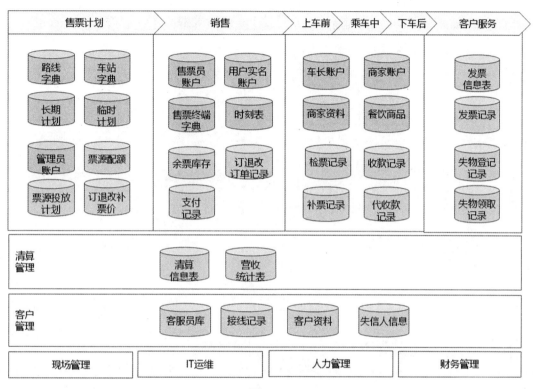

图 5-17

【推进】识别非结构化数据类型

识别非结构化数据类型，如图 5-18 所示。

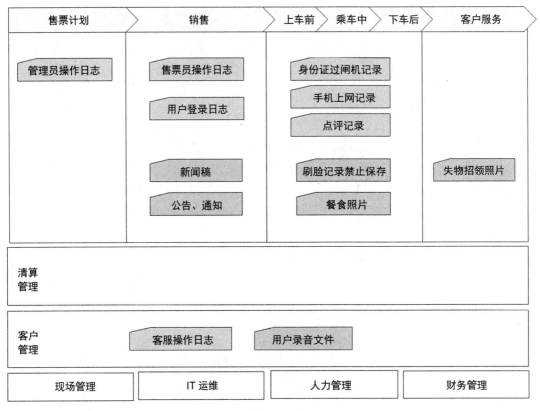

图 5-18

5.8　实践案例：数字化服务转型——设计数据模型，定义生命周期

继续推进贯穿案例，该设计数据模型了。

下面仅以"票源库"数据模型为例，先给出模型设计，后评价模型优缺点，再补充数据生命周期设计。

【推进】设计票源库数据模型

- 功能分析：火车票这个领域，坐席的概念比较特殊。乘客买到的是坐席的分段使用权。也就是说，对于同一个坐席——5 车厢 1A 座，乘客甲买了上海虹桥—南京南段，乘客乙还可以买南京南—北京南段。
- 设计构想：把"5 车厢 1A 座——上海虹桥—南京南"和"5 车厢 1A 座——南京南—北京南"直接保存成表中的记录。也就是说，表里没有"5 车厢 1A 座——上海虹桥—北京南"这条记录，因为它已经直接被拆成两条记录了。那么，分段拆分坐席使用权的依据是什么呢？答：统计数据。
- 设计模型：如图 5-19 所示。坐席表被我们改良成了"分段坐席表"。
- 设计思想：如果读者熟悉 BI 维度表的设计，一定已经发现"分段坐席表"设计借鉴了维度表的设计思想，就是把可能的"坐席值"尽量展开了。或者，从数据库性能优化的角度理解，我们希望把"分段坐席表"设计成尽量静态的表。的确，这个表有数据量小、变化频率低的特点。

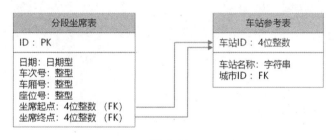

图 5-19

【推进】评价模型的优缺点

看看"上海虹桥—北京南"的 G8 次列车，它从始发到终点，一共 4 站。

站序	站名	到站时间	出发时间	停留时间 ✕
01	上海虹桥	----	08:00	----
02	南京南	09:00	09:02	2分钟
03	济南西	10:59	11:01	2分钟
04	北京南	12:24	12:24	----

G8次	上海虹桥 --> 北京南	高速	有空调

图 5-20

按照上述模型设计，G8 的分段坐席表大致如图 5-21 所示。假定 G8 有 800 个座位，最终的分段坐席表则可能有 1300 条记录。

- 上海虹桥—北京南。400 张票。
- 上海虹桥—南京南。300 张票。
- 上海虹桥—济南西。100 张票。
- 南京南—济南西。100 张票。
- 南京南—北京南。200 张票。
- 济南西—北京南。200 张票。

图 5-21

这种设计有如下优缺点：

- 优点——简化了售票算法。因为一条记录对应一张票，避免了坐席复用造成的坐席数据库不断进行记录拆分和新记录插入等操作。
- 优点——提高了 Table 的并发访问性。试想一下，在旧的坐席表中，如果很多人同时买票，甲买 5 车厢 1A 座的上海虹桥—南京南段，则会引起"5 车厢 1A 座——上海虹桥—北京南"这条记录加锁；乙要买这个座位的南京南—北京南段，系统就只能等待记录解锁后进行操作。
- 缺点——可能导致有票不能卖的现象，造成经济损失。例如预售最后一天，仅有 20 人要买上海虹桥—北京南段的车票，而数据库中仅剩 20 张上海虹桥—南京南段的票，以及 20 张南京南—北京南段的票。明明有票，但按照售票算法卖不出。

【推进】生命周期设计，解决问题

为了解决设计的上述缺点，本例的设计师可以对设计做如下调整。

- 预售期开始，系统自动生成分段坐席表，并按此售票。
- 预售期最后3天的夜里12点，把余票库存全部转回坐席表中，按传统算法售票。

即，预售车次票源数据的生命周期，如图5-22所示。

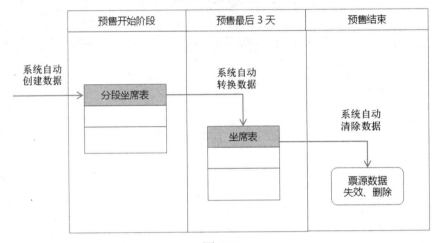

图 5-22

至此，仍保持设计优点，设计中的问题被解决。

我们也发现，数据生命周期设计是数据模型的有益补充，有时能解决大问题。

5.9　实践案例：数字化服务转型——抢到票后死机，怎么处理

因为绝大多数刚从程序员成长起来的架构师，对数据生命周期设计都很陌生，所以笔者特意加了这个例子。

你没看错，本节就是要应对"抢到票后用户 PC 或手机死机"这个场景。

怎么应对呢？答：抢到票后，后台立即生成订单。本质上，这还是属于数据生命周期设计，如图 5-23 所示。

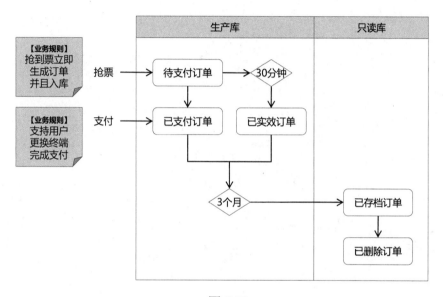

图 5-23

留个作业：类似"抢到票后用户 PC 或手机死机"这种有价值的场景，如何发现呢？答案可以参考 4.10 节。

5.10 实践案例：数字化服务转型——规划数据存储，设计数据分布

继续推进贯穿案例。规划数据存储，设计数据分布。

数据架构的这一步，和应用架构的呼应性很强。笔者发现，大多数架构师习惯应用架构先行、数据架构随后。如图 5-24 所示，在应用架构的基础上考虑所有结构化数据、非结构化数据的存储方式和存储位置。

先将生产数据与历史数据分离，再将结构化数据与非结构化数据分离，将音频等文件单独保存，在接线记录数据库表里保存其地址。

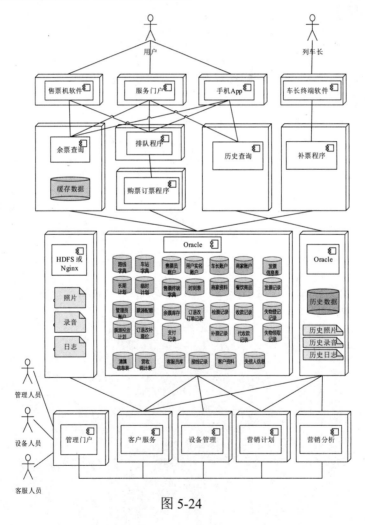

图 5-24

5.11　实践案例：数字化服务转型——数据流、数据沿袭、数据交换格式设计

继续推进贯穿案例，进行数据沿袭设计。

可以参考图 5-25。

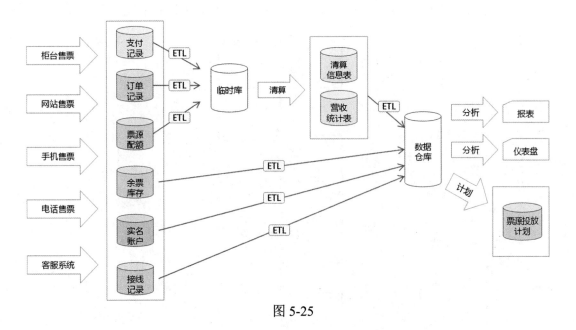

图 5-25

5.12　盘点收获

本章收获 1：数据架构设计到底做什么，说清了。

本章收获 2：数据建模的巨粒度、粗粒度、中粒度、细粒度做法，全部说清了，如图 5-26 所示。这也是本节的重点。

本章收获 3：很多人不太留意的数据生命周期设计，特意强调并举例了。

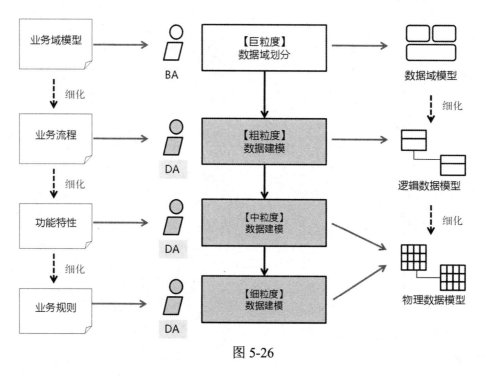

图 5-26

第 6 章　双轮驱动的技术架构设计

6.1 什么是技术架构

技术架构（Technology Architecture，TA），定义如下：

> A description of the structure and interaction of the technology services and technology components.
>
> 技术架构描述：需要哪些技术服务；选择哪些技术组件来实现技术服务；技术服务及组件之间的交互关系。
>
> An organization creating or adapting a Technology Architecture may already mandate the use of a list of Approved suppliers/products for that organization.
>
> 技术架构意味着一份核准清单，强制规定了应该选择哪些厂商的哪些产品。

上述定义中，所谓技术组件，可以是：

- 技术平台——例如 J2EE。
- 技术框架——例如 Spring。
- 技术产品——例如 Tomcat。

所谓技术服务，就是 IT 系统所需的：

- 硬件能力——例如服务器、磁盘阵列、GPU 并行计算、GPS 定位。
- 网络能力——例如局域网、移动互联网、现场总线、带宽要求。
- 软件能力——例如负载均衡服务、数据复制服务、MQ 服务、RPC 服务、广播服务。例如 BI 系统所需的调度引擎服务、规则引擎服务、OLAP 多维分析引擎、BI 仪表盘、数据仓库。

6.2　生态变迁与技术浪潮

【生态】总述

20 世纪 50 年代，IT 生态圈还比较小，基本上是"围着计算机制造商转"的格局。资料显示，那时全球软件公司只有几十家，而且基本上都是依附于计算机制造商的配套服务型公司。鲜有哪个公司的软件，能够同时运行在不同厂商的计算机上。

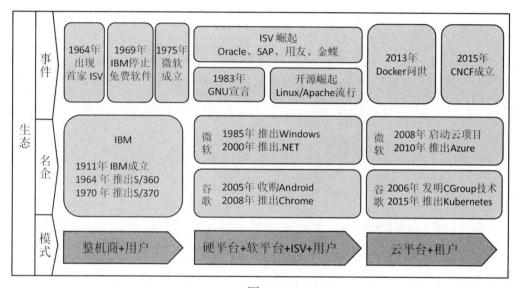

图 6-1

20 世纪 60 年代后期，IT 业格局大变。标志性的事件是 1964 年一家软件公司推出的软件可以重复销售给很多不同的客户，开启了独立软件供应商的商业模式之先河。1975 年，微软成立，后来的微软既是 Windows 平台生产商，又是全球最大的 ISV。整个 IT 生态圈，呈现出"硬件平台+软件平台+ISV+用户"的格局。

20 世纪 90 年代后期，又是个分水岭。此前，"硬件平台+软件平台+ISV+用户"格局中的"软件平台"相对简单一些。

- OS 厂商：IBM、Sun、微软。IBM 有 AIX；Sun 有 Solaris；微软有 Windows NT 和 Windows。
- DBMS 厂商：IBM、Oracle、微软。IBM 的 DB2；Oracle 的 Oracle DBMS；微软的 SQL Server。

之后，"硬件平台+软件平台+ISV+用户"格局中的"软件平台"随着 Web 应用及后来的移动应用大潮到来，分化和细化了：

- 服务器端 OS——UNIX、Linux、Windows。
- 桌面端 OS——Linux、Windows。
- 移动端 OS——Android、iOS。
- 浏览器——Chrome、IE。
- SQL 数据库——MySQL、PostgreSQL、Oracle、DB2、SQL Server。
- NoSQL 数据库——MongoDB、Redis。
- Web 服务器——Nginx、Apache。
- 应用服务器——WebLogic、JBoss、Wildfly。

21 世纪初，IT 业风起云涌，云计算技术搅起了风潮。每个人都在关注自 2006 年开始就创意不断的谷歌和亚马逊接下来会有什么新动作。每个人也在关注，OS、DBMS、Browser、Web Server、App Server 这些现有平台厂商的地位，会不会因为云平台市场的成熟和发展而变化。

【生态】从桌面软件、到分布式系统

过去 30 年，对业界影响最大的语言非 Java 莫属。Java 语言、HTTP、JavaEE 系列规范、Web 服务器、应用服务器、开源中间件等一起推动了企业级分布式应用的发展，如图 6-2 所示。

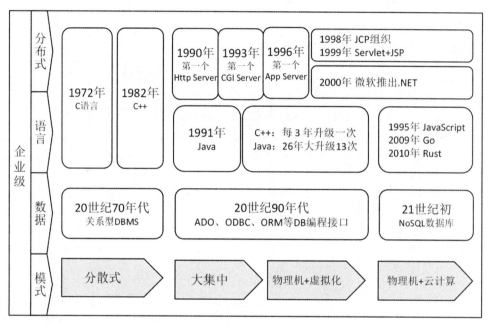

图 6-2

其中，服务器端基础设施的出现和进化速度之快，让从业者唏嘘不已。

- 1990 年，互联网之父 Tim Berners-Lee 开发了 CERN httpd，这是全球第一个 HTTP Server。
- 1993 年，美国国家超级计算应用中心开发了 NCSA HTTPd，这是首个允许创建动态网站的 HTTP Server。这个产品也标志着 CGI 技术的出现。
- 1995 年，Apache 发布。
- 1995 年，IIS 1.0 随 Windows NT 3.51 发布。
- 1996 年，IIS 2.0 随 Windows NT 4.0 发布。
- 1996 年，Kiva Enterprise Server 发布，它是第一个上市的 Java 应用服务器。就是这个产品，后来发展为 Netscape Application Server 和 Sun ONE Application Server。

因为 Internet 协议的非专有性质，浏览器产品也快速发展起来：

- 1994 年，网景公司成立。
- 1995 年，微软推出 IE 1.0 浏览器。
- 1995 年，网景公司的上市，宣告了全球互联网经济的开始。
- 2000 年，全球互联网用户数达 4 亿。

这之后，国内外企业级系统的建设，不断围绕互联网和开放平台轰轰烈烈地开展起来。银行证券保险等标志性行业的信息系统也呈现出如下阶段性规律。

- 分散式系统建设——例如储蓄与对公分离、各省各市系统也不一样。
- 大集中系统建设——数据集中了，核心系统和有共性的中间业务系统也集中了。
- 物理机+虚拟化——开始用虚拟化基础设施简化管理、提高资源利用率。
- 物理机+云计算——开始部分上云。

【技术】小议库、框架、中间件技术的区别

面向对象领域经历了萌芽期和探索期之后，迎来了以下快速发展期：1982 年 C++语言横空出世；此后，公共函数库、类库加速出现；20 世纪 90 年代，开发框架技术大发展，这绝对是一个泽被后世的技术，因为现在主流的应用开发都是基于框架的。

什么叫 Library（小议库）？答，供开发时重用的软件单元。例如函数库、类库、控件库、标签库。

什么叫 Framework（框架）？答，供开发时重用的软件半成品。第一，它比 Library 粒度大，所以重用价值更大。第二，相对而言，组成 Library 的类相对孤立，而组成 Framework 的类已经被 Facade 类、Manager 类、WrApper 类管理了起来，而且 Framework 提供 hook 函数、interface 类供扩展。

什么叫 Middleware（中间件）？答，Middleware 是介于应用系统和系统软件之间的一类软件，为应用软件提供更为有用和高级的可重用服务。

但不对啊！Library、Framework、Middleware 都是介于应用系统和系统软件之间的软件啊！这说明上述对 Middleware 的理解，根本没抓住要害。再来！

什么叫 Middleware？答，Middleware=Server+API。中间件是完整的软件，经常大大咧咧地以进程形式运行，应用系统通过进程间通信或通信协议与中间件交互。另外，中间件提供 API，具体而言，低级的 Library 形式的 API 或高级的 Framework 形式的 API 都可以，也都很常见。

总结，Middleware 比 Library 和 Framework 整整高了一个等级，而且前者还包含后两者。

笔者梳理了图 6-3，其核心意思是：

- 开发库和框架都极大地受到面向对象发展的促进。
- 以以太网为代表的局域网大量应用，催生了中间件的产生。中间件天生就是脱胎于分布式领域的，直至今日也是以为分布式领域服务为主的。
- 因特网依然属于分布式领域的基础设施，造就了互联网产业风口的同时，刺激了技术上更强大中间件的诞生。

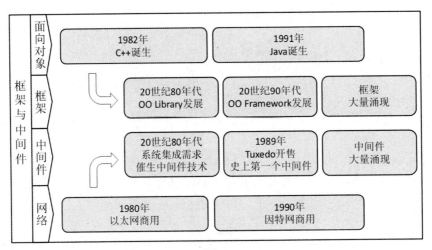

图 6-3

【生态】从分布式到云计算

好了，下面说说云计算的诞生。

从技术上看，中间件、虚拟化、Web Service、JSON、SOA 等都是云计算诞生的前期铺垫。

业界生态能从分布式跃到云计算，有五个"离不开"。

1）IaaS 层面，离不开虚拟化技术的成熟。

2）PaaS 层面，离不开大量优秀 Middleware 产品的成熟。

3）接口技术上，离不开 Web Service 等 Open API 标准的成熟。

4）数据交换格式上，离不开从 XML 的启蒙到 JSON 格式的大行其道。

5）思想铺垫上，离不开大型厂商此前对 SOA 和 SaaS 思想的大量宣传造势。

在 IaaS 层面，虚拟化技术对第一代云计算的助力是直接的。虚拟服务器、存储、网络这些基础资源的云服务化，都离不开虚拟化技术。

在 PaaS 层面，要解决提供什么、怎么提供、增值服务等问题。所以，大量成熟 Middleware 的存在是云计算真正落地的必然要求。例如，负载均衡中间件、消息中间件、远程调用中间件等大量开源产品的成熟都促进了云计算的落地。

当然，用 Web Service 暴露服务、用 JSON 交换数据，支持了跨异构平台的互操作要求，因此也是云计算成功落地的推手。

【技术】 小议 Docker Container、K8s Pod 的底层 Linux 技术

1991 年，Linux 出现。

此后多年，Linux 社区迸发出惊人的活力，一批又一批具有现代特性的技术被引入 Linux 内核，例如控制组（Control Group）和命名空间（Namespace）等。

2013 年，容器引擎 Docker 发布。Docker 的实现，大量借助了现代 Linux 内核特性，如图 6-4 所示。

2015 年，容器编排调度系统 Kubernetes 发布。

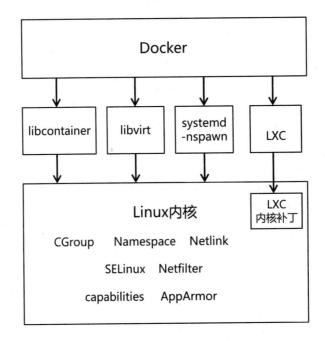

图 6-4

为了实现资源隔离，Docker、Kubernetes 等云原生技术设施用到了多项 Linux 底层技术。例如：

- Mount：可只读挂载、读写挂载。
- Namespace：隔离 Mount、Usr、IP、IPC 等 6 项资源。
- CGroup：监管 CPU、Mem、Net、I/O 等 12 项资源。

而 Docker Container 和 Kubernetes Pod 的技术实现，都是围绕 OS 进程这个可调度、可设置、可管理的运行时单元展开的。

- Docker Image：发布格式标准。
- Docker Container：容器是与系统其他部分隔离的进程，也是 Image 的运行实例。
- Kubernetes Pod：Kubernetes 作为容器编排调度系统，把多个 Docker Container 组织成一个群集，称为 Pod，以此作为基本调度单元。Pod 内的多个 Docker Container 共享 Network 和 Volume 资源。

从发布态看，云原生应用是一组 Image 发布包。想要把 JDK 和 myApp 打包进 Image，调用 "ADD jdk1.8.0_211 /usr/jdk/" 和 "ADD myApp /usr/App/" 类似指令即可。同时，Image 是超越发布包概念的，因为它有大量的运行时配置和运行时设置支持。用户可以用 USER、WORKDIR、ENV、EXPOSE、VOLUME 指令把 "配置" 一同发布出去，还可以用 ENTRYPOINT、CMD 指定运行程序时所带的命令行参数。

从运行态看，云原生应用是一组相互通信的容器。不同容器既可以运行不同的 Image 发布包，也可以运行相同的 Image 发布包。

云原生应用具有水平伸缩的优点，可以借助 Kubernetes 轻松实现水平自动伸缩。自动伸缩的本质就是资源管理自动化，Docker 隔离资源，Kubernetes 做 Pod、Sandbox、Node、Cluster 等多级资源隔离层次，终极目标之一就是实现基于容器的、细粒度的、自动化的水平伸缩管理。

【生态】从云计算到云原生

虽然云计算技术实现了业务上云，也激活了"云提供商+租户"的商业模式。但是，传统云计算模式在开发和运维方面都远非最佳，导致业务上云很难，原因如下：

1）云应用开发缺乏高效开发环境和开发模式，亟待革命。

2）部署还很费力，频繁发布风险还不可控，快速扩/缩容还做不到。

云原生技术致力于解决上述问题，带来了设计、开发、部署、维护的全方位加速。

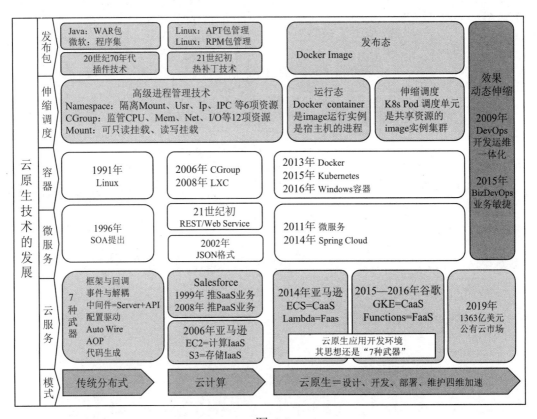

图 6-5

如图 6-5 所示，笔者梳理了云原生技术的部分发展脉络：

- 发布包——发布包技术历史悠久，Linux 的 APT 包管理、插件技术、热补丁技术，都可归入此类。Image 是云原生应用开发的输出之一，也是云原生应用部署的输入之一。

- 伸缩调度——云原生应用的运行态管理，是云原生技术的核心技术。仅从容器级扩/缩容目标来看，云原生技术依赖的是以 Linux 进程技术为核心的高级进程管理技术。
- 容器——从技术上看，容器是进程的封装。从功能上看，容器管理 Image 的基本生命周期，即 Image 的创建、启动、关闭、重启和销毁。从基础设施配套上看，容器管理引擎（Docker 等）和容器编排调度引擎（Kubernetes 等）是不可或缺的。
- 微服务——技术只是手段，业务上云才是目的。微服务架构模式一路走来，为业务上云和快速业务创新提供了很大助力，到今天已经成为主流。服务治理技术是近年的发展热点，至今仍有新思路、新产品源源不断地出现。
- 云服务——**云原生技术产生以前**，Salesforce 公司的租用式 CRM 是 SaaS 的大明星，因为它是第一家。后来，IaaS+PaaS+SaaS 的服务层次模型被提出。**云原生技术产生后**，变成了 IaaS+CaaS+PaaS+FaaS+SaaS。其中，FaaS 是专门针对云原生应用开发提出的，其思想之一和面向对象应用开发的差异化编程（Programming by difference）如出一辙。当然，FaaS 需要 BaaS 的支持，Serverless = FaaS + BaaS。

一旦新技术滚滚而来，我们要么汇入洪流，要么被无情碾压。技术大趋势形成之后，没有哪个 IT 从业者能置身事外。云原生技术，就是不可逆转的技术大趋势。

6.3 解读 TOGAF 的技术架构方法

【1】TA 设计内容

解读 TOGAF 9.2 目标技术架构涵盖的设计内容：

- 技术选型
  - 技术组件选择（Technology Components and their relationships to information systems）。
  - 技术平台选择（Technology platforms and their decomposition, showing the combinations of technology required to realize a particular technology "stack"）。
  - 硬件与网络规格（Hardware and network specifications）。
- 技术架构设计
  - 网络结构设计（Physical (network) communications）。
  - 部署结构设计（Environments and locations - a grouping of the required technology into computing environments）。
- 技术架构优化
  - 负载均衡设计（Expected processing load and distribution of load across technology components）。

【2】TA 设计步骤

TOGAF 推荐的技术架构设计过程如下（The process to develop a Technology Architecture incorporates the following steps）：

- 分析技术需求
    - 识别所需的技术服务（包括标准）。
    Define a taxonomy of technology services and logical technology components (including standards).
    - 明确技术部署的位置。
    Identify relevant locations where technology is deployed.
- 确定技术选型
    - 盘点现有技术。
    Carry out a physical inventory of deployed technology and abstract up to fit into the taxonomy.
    - 进行差距分析（即是否满足功能性需求）。
    Look at Application and business requirements for technology. Is the technology in place fit-for-purpose to meet new requirements (i.e., does it meet functional and non-functional requirements)?
    - 选择技术产品（包括依赖产品）。
    Refine the taxonomy, Product selection (including dependent products).
    - 明确技术指标。
    Determine configuration of the selected technology.
- 相关影响分析
    - 识别成本、规模、安装、移植、规划、治理影响。
    Determine impact:Sizing and costing, Capacity planning, Installation/governance/migration impacts.

6.4　实践攻略：技术架构的实际工作内容

【落地】实际工作内容

现在，我们给出实际的技术架构内容模型。

如图 6-6 所示，技术架构是个涉及不少内容的系统工程。

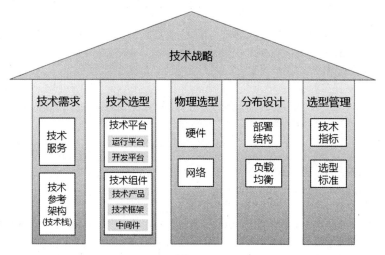

图 6-6

【要点】技术需求＝需要哪些技术服务

技术架构设计的第一步，是从业务架构蓝图、应用架构、数据架构导出技术需求。聪明的你，一定发现这跟 DA、AA、TA 设计的第一步——分别确定数据需求、应用需求、技术需求很相似。

具体而言，发现技术服务，就是识别那些需要由基础设施（Infrastructure）、中间件（Middleware）、操作系统（OS）、容器（Container）、数据库系统（DBMS）实现的技术能力。

例如，数据持久层的技术服务需要考虑：

- 对于 IS 系统，是否需要 SQL DB、NoSQL DB、File、Log 等技术服务，既支持结构化数据，又支持非结构化数据、配置信息、Log 日志。
- 对于 BI 系统，则需要数据仓库技术服务。

在实践中，需要的技术服务非常多，推荐的做法是，将需要的所有技术服务汇总到技术参考架构（Technical Reference Architecture）里。这个词儿有一个更接地气的叫法——技术栈（Technology Stack）。

图 6-7 是常见企业系统的技术参考架构或技术栈。

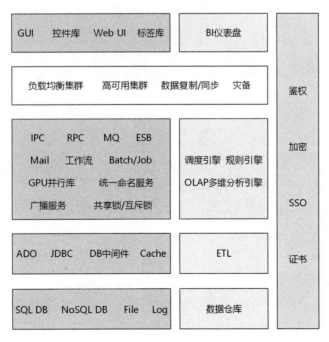

图 6-7

【要点】技术选型＝软件选型＋物理选型

针对上述技术需求，要进行技术选型，选择软件、硬件、网络等。

自下而上，从服务器、存储设备、网络设备三大类硬件选型，到网络选型、机房建设，再到 OS、DBMS、Web 服务器、应用服务器等运行平台选型，再到开发平台、开发语言、开发框架选型，最后到部署结构和负载均衡等分布设计考虑。

若是全新方案建设，上述内容要全面考虑；若是部分应用升级，则上述内容应先盘点，确认一部分升级一部分。

最特殊的，若是准备搭建云原生应用系统，上述软件选型+物理选型则变成架构师选择 IaaS、CaaS、PaaS、FaaS 等服务来实现相应技术服务：

- 模式 1：租用 PaaS——假设考察后，PaaS 平台满足用户的应用需求，就可以采用这种方式。
- 模式 2：租用 IaaS——若模式 1 不满足需求，或者用户想获得更灵活的控制权，就考虑租用虚拟服务器、存储、网络等 IaaS 服务（如图 6-8 所示），来完成物理选型。然后，开发平台、各种框架和中间件，再另行选型。

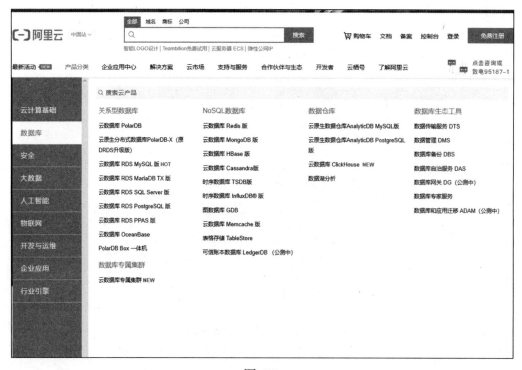

图 6-8

【要点】选型管理＝技术指标＋选型标准

在上述技术选型的同时，技术架构师须知道，技术选型不是完全自由的。

第一，每个行业，都有架构师必须考虑和参照的技术指标体系，它们可能已被写入公开标准，可能仅作为行业经验在高手间流传。

第二，每家企业都有技术体系偏好，以及相应的选型标准。须参考。

对企业而言，应设立架构委员会，持续管理自己企业的技术指标体系、选型标准体系等。

6.5 实践攻略：双轮驱动的技术架构设计步骤

【思考】业务和技术趋势双轮驱动

回顾 6.1 节，现在的技术发展日新月异。无论是 JavaEE 相关开源框架的高频率推陈出新，还是云原生技术生态的惊人之作不断，都要求在技术选型之前抬头看路，做实技术调研、做好技术评估。

所以，技术架构设计应该是业务和技术趋势双轮驱动的。

企业不仅要重视"技术趋势分析"这一环，而且推荐由架构委员会持续负责、长期跟踪。

【落地】设计步骤

落实到具体步骤，双轮驱动的技术架构设计过程如图 6-9 所示。

六大步骤。架构委员会负责三步，技术架构师负责另外三步：

1）横向技术对比。选择 J2EE 之前，总要对比一下 ASP.NET，就是这个意思。

2）纵深生态分析。不能单纯地看技术是否优秀，还要看历史、看出身、看配套、看生态。

3）Hype Cycle 表述趋势。这一步讲究些，用 Gartner 的 Hype Cycle 技术，把同类技术的当前位置、未来趋势都分析清楚。

4）识别技术需求。根据 BA、DA、AA 识别技术需求。

5）技术选型。对比评估后选定技术平台、技术组件、硬件、网络。

6）分布设计。部署结构，负载均衡。

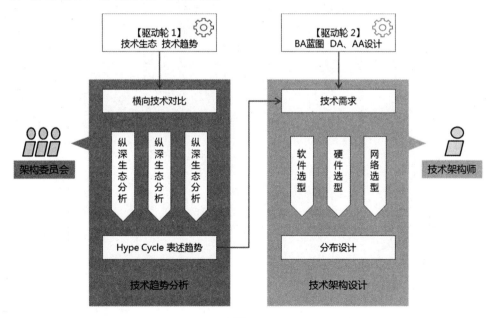

图 6-9

如上所述，要做好技术趋势分析，就需要借助二维视角综合分析：

1）横向，对比当前可用技术的优缺点。

2）纵向，按时间轴考察每项技术的技术历史、背后推手、技术生态。

3）综合，判断这一组技术的当前位置、未来趋势。

如图6-10所示。

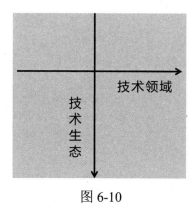

图6-10

6.6　实践攻略：用 Hype Cycle 曲线评估技术趋势

【基础】Hype Cycle 曲线是什么

1995 年，业界出了一个看易实难、看着小实际大的事儿——Gartner 公司开始采用 Hype Cycle 曲线预测新兴技术的发展趋势。

关于这一点的书也有，Gartner 专家写的 *Mastering the Hype Cycle: How to Choose the Right Innovation at the Right Time*。这本书也有中文版，叫《精准创新：如何在合适的时间选择合适的创新》。

举个例子。如图 3-6 所示，2015 年 Gartner 预测说：在 2020—2025 年，大数据、DevOps、业务架构等技术都会进入成熟期。各位站在 2021 年体会一下，的确预测得很准哦！

【上手】Hype Cycle 曲线怎么画

如图 6-11 所示。Hype Cycle 曲线是两条曲线的叠加：

1）受关注度。注意，新技术总会被提前关注甚至炒作，即在它远未成熟之时就被广为关注。

2）工程或商业成熟度。从此角度而言，技术肯定是从不成熟走向成熟的过程。

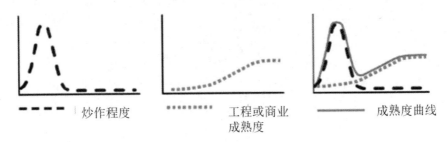

来源：Gartner

图 6-11

通过叠加，Hype Cycle 曲线的价值就凸显出来了——新兴技术经过过热期和冷却期之后，有的技术会消失，有的技术会不断发展。

Hype Cycle 曲线分为 5 个阶段，是根据受关注度和工程或商业成熟度的不同来划分的：

1）萌芽期：技术有突破，理念已形成，引发了日渐升高的行业关注度。
位于头部的技术厂商开始投入。

2）过热期：技术并未成熟，产品还很不完善。
媒体集中宣传，社区开始建立。
不仅技术厂商开始全面投入，潜在客户企业也开启预研。
市场表现还不火爆，可用"打听的人多、采购的人少"来概括。

3）冷却期：外界看，技术热度大幅减小。
专业看，机会与风险并存，技术厂商加紧进行技术攻关和应用落地。

4）爬坡期：技术趋于成熟，目标应用领域也趋于明朗。
位于头部的客户企业已有成功案例，跟进者开始对标。
一线技术实践者能感觉到产品、市场、社区的热度回升。

5）成熟期：技术稳定下来，工程或商业上的最佳实践得到广泛认同。
在成功案例的带动下，有需求的客户企业持续采购和实施。

小练习来了。请看图 6-12，回答下列问题：

- 5G 当前处于什么阶段？（2021 年）
- AR 云当前处于什么阶段？（2021 年）
- 在 5G 的带动下，AR 云有可能在什么时候大规模应用？

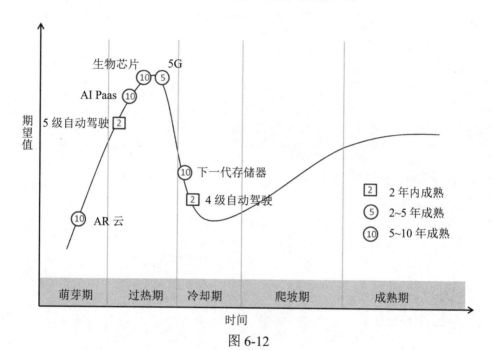

图 6-12

注：本图根据 Gartner 2019 年发布的技术预测改编。

从图上看，Gartner 给出的预测是：

- 5G 当前处于什么阶段？过热期。
- AR 云当前处于什么阶段？萌芽期。
- 什么时候 5G 会带动 AR 云大规模铺开？2025—2030 年。

综上，Hype Cycle 曲线太有用了。

【举例】第 1 步：横向技术对比

一些软件公司迟迟不肯放弃 Delphi，还在用 Delphi 开发产品。笔者很不理解。

2017 年，笔者接触一家公司，其主力产品竟然基于 Delphi，令笔者震惊不已。

上述情况表明，技术趋势评估能力是很多架构师和公司欠缺的，急需补短板。

下面开始本节的例子。时间拉回到 2005 年，故事的主角是正在为是否抛弃 Delphi，拥抱 Java 而纠结的某软件公司。

架构师应该尽量找齐所关心技术领域的所有主要技术，并对比这些技术。

笔者来示范一下，架构师应如何对比 Delphi、VB、PB、C#、Java、ASP.NET 等技术的能力。

先分析 Delphi 及同类技术。

- Delphi 支撑桌面应用、C/S 数据库应用开发，但不支持 Web 应用开发。
- Delphi、VB、PB 三种技术的定位几乎完全一致，技术能力也不相上下。
- Delphi、VB、PB 以数据库访问能力、桌面应用快速开发两个优势起家，但相对于后来者 C#、Java 而言，数据库访问能力方面已毫无优势。

再与 Web 技术对比。

- 在 Web 应用技术方面，JSP、PHP、ASP.NET 都很强，其中，JSP 和 Java 同出一门，ASP.NET 和 C#同出一门。
- 在 Web 应用市场方面，不仅需求旺盛，而且 C/S 与 B/S 开发共享统一的技术栈趋势明显。也就是说，纯 C/S 开发技术将没有立足之地。
- Java 最大的优势，是背后有 JCP 负责整体技术栈的规划，Java 桌面开发与 Java 企业开发可以共享 JDBC、RMI、IIOP、WebService 等一系列强大的技术基础设施，降低技术研发的总体投入成本。从这一点看，Java 碾压 Delphi。
- Java 的桌面应用能力也不差。在界面框架方面，Swing 支撑商业级产品是合格的，而 2003 年出现的 SWT 性能更上一层楼。相比之下，Delphi 的快速应用开发（RAD）能力略胜一筹，构建桌面应用 UI 更快更省力。从这一点看，Java 虽然比 Delphi 稍逊，但也足以胜任桌面应用开发。
- C#与 Java 拥有类似的优势。因为 C#和 ASP.NET 背后，有微软统一规划整体技术栈。从这一点看，Delphi 一样完败。

【举例】第 2 步：纵深生态分析

企业级软件开发市场的角力，从来都不是只看技术的。因为平台优势（如微软）和标准优势（如 Java）早晚都会转化为技术优势。所以，Delphi 和 Java 的对比还没完呢。

架构师应该做纵深生态分析。就是分别从技术产品的如下情况入手。

- 各技术产品的东家是谁，能带来的潜在优势和劣势。
- 各技术产品的当前市场份额与当前增长势头。
- 各技术的发展历史，高速发展阶段在什么时期。
- 行业的技术发展大趋势、新兴方向的市场容量。
- 本技术领域在国内的市场格局。
- 本技术领域在欧美的市场格局。
- 影响竞争的重大事件。

例如，市场表现。2005 年的软件开发平台领域非常活跃，原因有两方面。一方面，在市场层面，Java 蓄势已久霸气初显，而微软.NET 风头乍起锋芒毕露。另一方面，在技术潮流层面，Web 开发市场正处在高速增长期，PHP、ASP、JSP 已激战多时，又跳出来 ASP.NET。总之，故事的主角——2005 年的某公司，面临太多的选择，如图 6-13 所示。

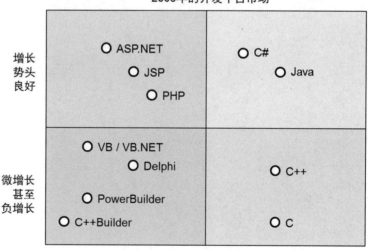

图 6-13

例如，东家影响。Delphi 的东家是 Borland，并非巨头。C#背后是微软，标准的巨头。Java 背后是 Sun，也是网络时代的巨头。另外，Java 背后还有 JCP（Java Community Process）组织负责推进 Java 技术的标准化。这就意味着，在 Windows 开发领域，Delphi 是跟进者，只要有一次 Windows 开发底层设施的大更新 Delphi 无法跟上，就会拉开差距了。而在编程语言层面，Delphi 和 Java 比，后者是行业的标准语言，前者仅仅是大牛对 Pascal 语言的短期改良（叫 Object Pascal）。

例如，竞争事件。1995 年，Delphi 1 横空出世。1996 年，Delphi 3 还没发布，但 Dephi 之父 Anders Hejlsberg 离开 Borland 去了微软。2004 年，Delphi 首席架构师 Chuck Jazdzewski 离开 Borland 去了微软。此消彼长，微软请来多位专家加盟，志在缔造.NET 和 C#。也就是说，挖人的缘起是微软要抗击 Java，布局新兴 Web 开发市场，并没把 Delphi 当作可与之一战的对手。事后我们也看到，在.NET 平台上，C#和 ASP.NET 是微软力推的主角，而和 Delphi 有着相同定位的 VB 和 VB.NET 则日渐没落。

【举例】第 3 步：用 Hype Cycle 曲线刻画趋势

架构师应该用 Hype Cycle 曲线呈现结论。

在本质上，Hype Cycle 曲线给出了如下三个关键问题的答案。

- 整个技术领域当前所处的位置。
- 具体技术当前所处的位置。
- 具体技术的未来发展趋势。

Delphi 技术属于什么领域？答，C/S 系统开发。

C/S 系统开发领域当前处于什么位置？答，C/S 系统开发领域的上半场已经走完，今后的 C/S 系统开发将作为分布式开发技术体系的一部分出现。具体而言，无论是.NET、C#、ASP.NET 体系，还是 Java、J2EE、J2SE 体系，都是统一规划，C/S 和 B/S 通吃的。单纯的 C/S 开发技术体系（Delphi、VB、PB）的前景不光明。

Delphi 技术当前（2005 年）处于什么位置？答，成熟期，但已走完。未来会被 Java 等接棒。

Java 技术当前（2005 年）处于什么位置？答，冷却期。大量轻量框架稳步发展中。

作为示范，笔者绘制如图 6-14 所示 Hype Cycle 曲线。

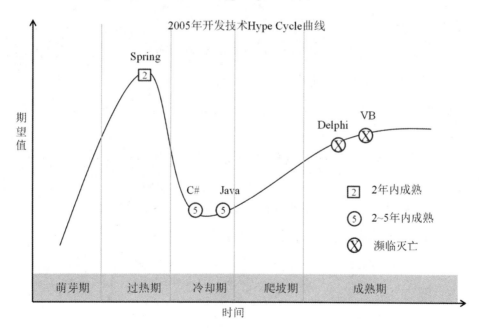

图 6-14

6.7　实践攻略：如何基于评估做技术选型

上一节是做大趋势评估。并没有全面、详细地评估具体技术产品的方方面面。

这一节来补充技术架构师的必修技——技术评估模型。

作为技术架构师，往往需要对各种各样的技术基础设施（如 DBMS）、中间件（如数据库中间件）或者技术框架（如 Spring）做评估、做选择，这就需要掌握技术评估模型。

TOGAF 9.2 规范推崇的评估模型，共包含 13 项评估指标：

1）需求满足度（Must meet the organization's requirements）。

2）受认可程度（Should have been developed by a process which sought a high level of consensus from a wide variety of sources）。

3）周边产品支持度（Should be supported by a range of readily available products）。

4）使用广泛性（Should be in wide use）。

5）合法合规性（Must meet legal requirements）。

6）文档可获得性（Should be a publicly available specification）。

7）产品完整性（Should be complete）。

8）技术成熟性（Should be well understood, mature technology）。

9）系统稳定性（Should be stable）。

10）可测试性（Should be testable, so that components or products can be checked for conformance）。

11）遗留系统兼容性（Should have no serious implications for ongoing support of legacy systems）。

12）国际化支持（Should support internationalization）。

13）缺陷数量（Should have few, if any problems or limitations）。

在上述 13 项评估指标的基础上，笔者再补充 11 项（表中打★的）。形成的《技术产品评估模型》共 6 类 24 项指标，如表 6-1 所示。

表 6-1

评估类	评估项	Delphi （以 2005 年为例）	Java （以 2005 年为例）
产品能力	需求满足度		
	产品完整性	☀☀☀☀☀	❀❀❀❀❀
	跨平台性★	☀☀☀☀☀	❀❀❀❀❀
	国际化支持		
产品质量	技术成熟性		
	系统稳定性		
	可测试性		
	安全性★		
	缺陷数量		
应用状况	使用广泛性	☀☀☀☀☀	❀❀❀❀
	受认可程度		
可支持性	周边产品支持度	☀☀☀☀☀	❀❀❀
	文档可获得性		
	开发实例丰富性★		
	长期技术支持★		
	培训支持★		
	用户社区★	☀☀☀☀☀	❀❀❀❀
风险因素	合法合规性		
	遗留系统兼容性		
短期活力 长期前景	代码是否开源★		
	更新是否频繁★		❀❀❀
	巨头企业支持★	☀☀☀☀☀	❀❀❀
	巨头联盟支持★		❀❀❀
	技术标准主流性★		

注：为凸显表格的对比效应，笔者将 Delphi 与 Java 的部分对比置入，一边全是"雷"（☀），一边全是"小红花"（❀），有点儿天壤之别的感觉。

拜开源、互联网、Java 这三大开放体系所赐，IT 业界越来越多的技术标准联盟在 IT 生态中扮演着重要角色。所以，在上述评估模型中，笔者也加入了技术标准主流性和巨头联盟支持等有价值的指标。

留个作业：GPU 编程，选 CUDA 还是 OPENCL？请使用上述 24 个指标做评估。

6.8 实践案例：数字化服务转型——部署结构

贯穿案例，继续推进。部署结构设计，如图 6-15 所示。

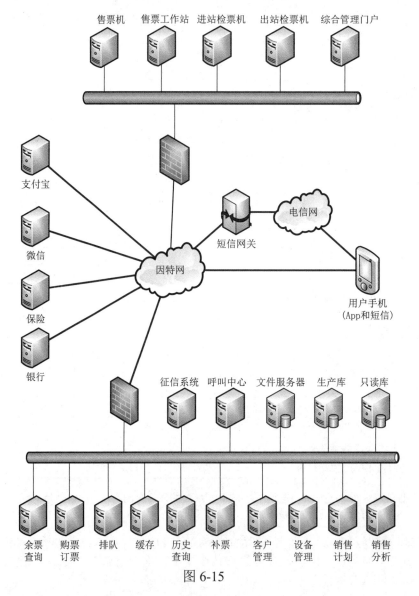

图 6-15

基本思路是查询系统与交易系统分开，即命令查询职责分离（Command Query Responsibility Segregation，CQRS）设计思想。

后台服务的划分，还应考虑数据特点。余票查询、购票订票、历史查询这几种后台服务必须分离，这是由于数据的特点不同。

- 余票查询——管理的数据为只读，但数据高频变化，数据量不算大，要权衡查询结果对精确性的要求高不高。余票查询不要求高精度，但要求海量高并发，所以采用基于内存的 Cache 服务器集群。
- 历史查询——要管理的数据量大，但数据只读，查询频率不高。
- 购票订票——对数据的一致性要求极高。数据一致性第一，性能第二。

6.9 实践案例：数字化服务转型——技术选型

继续推进贯穿案例。

例如，围绕可靠性和高并发要求，考虑服务器、存储等选型。

- 购票订票服务器
  - 服务器——UNIX 小型机（IBM、HP 或 Sun）。
  - 操作系统——AIX、HP-UX 或 Solaris。
- 余票查询服务器
  - 服务器——PC 服务器。
  - 操作系统——Linux。
  - 缓存——TimesTen 内存数据库或 Redis。
  - 分布式集群——TimesTen 与 Redis 本身支持。
- 其他服务器（排队、补票、历史查询等）
  - 服务器——PC 服务器。
  - 操作系统——Linux。
- 生产库存储选型
  - 存储系统——EMC SAN 或磁盘阵列 RAID 10。
  - RDBMS——Oracle。
- 历史库存储选型
  - 存储系统——磁盘阵列 RAID 0。
  - RDBMS——Oracle。
- 非结构化数据存储选型
  - 方案一：HDFS 作为分布式文件系统。
  - 方案二：Nginx 作为 HTTP File Server，配合磁盘阵列 RAID 0。

对于余票查询服务器，用 TimesTen 或者 Redis 当缓存均可，但都应将数据全部载入内存。采用 TimesTen 的好处是支持 SQL 编程接口，因为 TimesTen 是关系型内存数据库。而 Redis 是基于 Key-Value 的 NoSQL 数据库，不支持 SQL 编程接口。

6.10 实践案例：数字化服务转型——负载均衡

继续推进贯穿案例。进一步考虑负载均衡、高可用设计等。基本考虑如图 6-16 所示。购票服务器做高可用群集，因为它是有状态服务。对于提供无状态服务的余票查询服务器，做负载均衡群集。

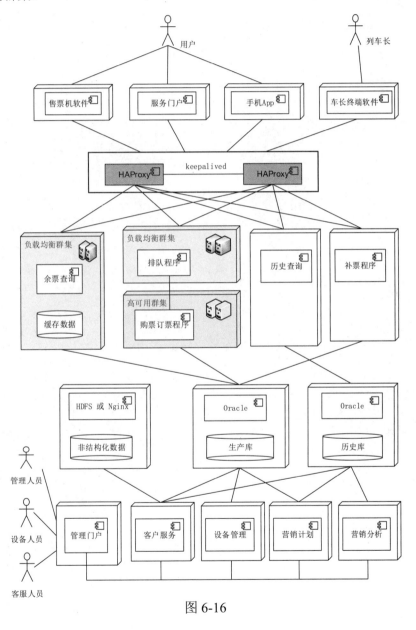

图 6-16

6.11　盘点收获

本章收获 1：技术趋势怎么分析，说清了。不仅 TA 需要，企业 CIO、CTO 更需要。

本章收获 2：技术架构设计双轮驱动的逻辑，说清了。这也是本章重点。

第三篇　文档篇

第 7 章　业务架构书

7.1　战略、BA、DA、AA、TA、项目对应的文档

7.2　《业务架构书》的内容主线

7.3　《业务架构书》模板

7.1　战略、BA、DA、AA、TA、项目对应的文档

文档对 IT 企业的重要性不言而喻。

从《公司战略规划书》《业务架构书》《技术方案书》等公司级文档，到《需求规格书》《接口定义》等项目级文档，它们的脉络关系如图 1-4 所示。

本书此前强调过，业务架构就是跨系统需求规划。在此，给出图 7-1 并说明几点。

- 业务架构是跨系统、甚至跨解决方案的。《业务架构书》负责定义统一的业务需求蓝图。
- 解决方案涉及多项目的开发与集成。《技术方案书》负责定义多项目的切分与交互。
- 到了项目级，自然是大家熟悉的《需求规格书》和《接口定义》。

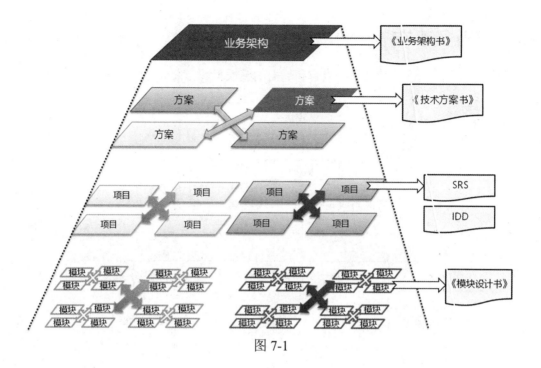

图 7-1

7.2 《业务架构书》的内容主线

如图 7-2 所示。请结合前面的讲解和后面的模板理解。

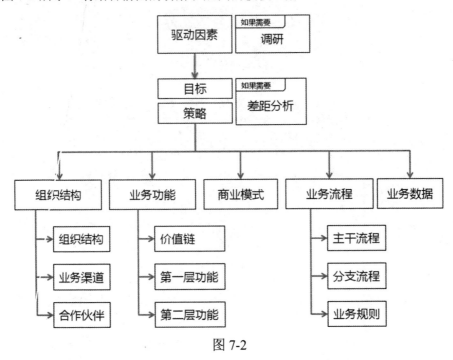

图 7-2

7.3 《业务架构书》模板

文档种类标准化、文档内容规范化，这两点要求对于 IT 企业而言，是必须做好的。

完整的《业务架构书》模板，请参考本书附录 A。

第 8 章　技术方案书

8.1　《技术方案书》的位置

8.2　《技术方案书》的内容主线

8.3　《技术方案书》模板

8.1　技术方案书的位置

Solution 是一组紧密配合的程序，一个程序不叫 Solution。

《技术方案书》定义 Solution 级的架构设计，应用架构、数据架构、技术架构都包含在其中。

在研发管控过程中，需注意如下情况。

- 《方案实施计划》既可以作为单独文档，也可以并入《技术方案书》。
- 《业务架构书》和《技术方案书》都是一份，但项目级文档一般是多份，每个具体项目对应一份《需求规格书》，每套接口对应一份《接口定义》。
- 接口由谁定义要分情况：本企业负责定义，使用第三方已有定义，双方或多方协商定义都有可能。
- 具体脉络关系，如图 8-1 所示。

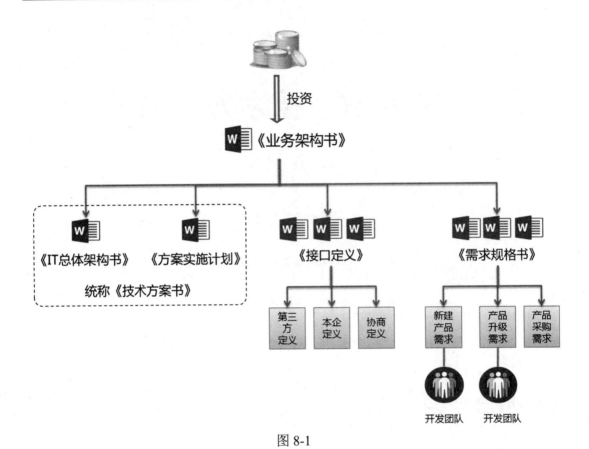

图 8-1

8.2 《技术方案书》的内容主线

如图 8-2 所示。可结合前面的讲解和后面的模板理解。

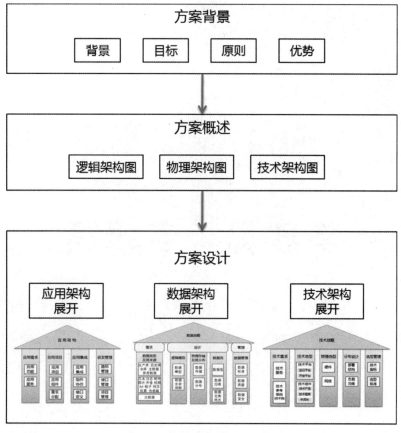

图 8-2

8.3 《技术方案书》模板

文档种类标准化和文档内容规范化是 IT 企业必须做好的。

完整的《技术方案书》模板，请参考本书附录 B。

第四篇　专题篇

第 9 章　ToG/ToB 解决方案规划

9.1　调研、诊断优化和方案规划的关系

ToG/ToB 解决方案规划的实际负责人一般是方案经理。做一名优秀的方案经理不容易。难在何处？难在视野和格局。

有人开玩笑说，方案经理是拿着员工的钱、操着老板的心。这"操着老板的心"指站得要高、看得要全面。技能不全、视野不宽，就无法驾驭调研、诊断优化和方案规划这三大环节。

快速梳理一下，调研、诊断优化和方案规划三大环节的关系，如图 9-1 所示。

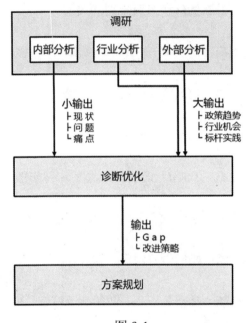

图 9-1

从小处说，调研是为了了解现状、明确问题、定位痛点，这需要"内部分析"。

从大处说，调研必须掌握政策趋势、洞察行业机会、解读标杆实践。这需要"外部分析"和"行业分析"。

往下，无论是"问题与痛点驱动"还是"趋势与机会驱动"，都要做好诊断与优化。诊断优化环节的价值在于把脉，在于针对性。一是输出"具体差距"，二是给出对应药方、对应改进策略。

再往下，在方案规划环节定义业务架构蓝图、IT 架构蓝图。此时，必须承接和落实上游确定的"改进策略"。

9.2　调研的内容与产物——外部分析篇

【1】PEST 分析

外部分析又称宏观环境分析，主要是做 PEST 分析。

PEST 分析模型可以辅助我们系统地思考四个方面，如图 9-2 所示。

- P——政治。大的国际环境、远的五年规划、细的政策条文，按需分析。
- E——经济。供给侧、需求侧、投资、金融、进出口等，按需分析。
- S——社会。ToB 服务或 ToG 管控，人口结构等状况，按需分析。
- T——技术。从技术突破到技术生态，再到落地情况，立体化覆盖。

思考一下，土地、劳动力、资本、技术和数据五大生产要素，都覆盖到了吗？

答：前四大生产要素分别被 P、S、E、T 完美覆盖到了。而数据作为政企单位的一种"资源"，属于"内部分析"环节调研的内容。

图 9-2

基于上述主框架，还可以引入更多工具，深入具体分支：

- 政策解读框架——深入分析政策。
- Hype Cycle 曲线——发现新兴技术。

【2】PEST 洞察

PEST 分析的内容不是一刀切的，根据规划方案的不同背景，可以有不同侧重。

但 PEST 洞察必须做，而且要凝练地、明确地、条目化地表述趋势、机会和风险。

图 9-3 所示是 PEST 洞察画布，它与 PEST 分析画布完美呼应。从中可以重点识别趋势、机会、风险。

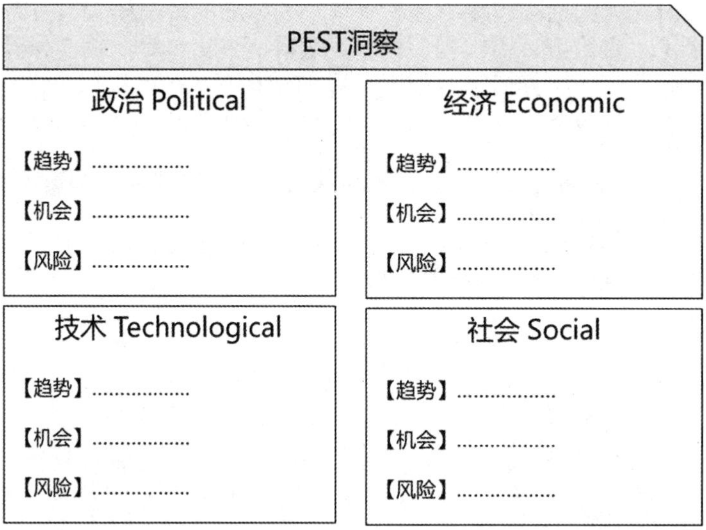

```
┌──────────────────────────────────────────────────┐
│                  PEST洞察                          │
├────────────────────────┬─────────────────────────┤
│      政治 Political     │      经济 Economic       │
│                        │                         │
│   【趋势】…………………       │   【趋势】…………………       │
│                        │                         │
│   【机会】…………………       │   【机会】…………………       │
│                        │                         │
│   【风险】…………………       │   【风险】…………………       │
├────────────────────────┼─────────────────────────┤
│    技术 Technological   │      社会 Social         │
│                        │                         │
│   【趋势】…………………       │   【趋势】…………………       │
│                        │                         │
│   【机会】…………………       │   【机会】…………………       │
│                        │                         │
│   【风险】…………………       │   【风险】…………………       │
└────────────────────────┴─────────────────────────┘
```

图 9-3

基于上述主框架，还可以引入更多工具，深入具体分支：

- Hype Cycle 曲线——技术趋势研判。
- 趋势雷达图——技术趋势研判、行业趋势研判。
- SWOT 分析——本环节识别出的机会、风险，将作为 SWOT 分析的 O 和 T。

9.3　调研的内容与产物——行业分析篇

【1】行业分析

ToB、ToG 解决方案要支撑的往往是企业或政府部门三年以上的规划。不研究行业，不行。

首先，行业格局、客户群与市场格局、竞争格局是行业分析的经典内容，如图 9-4 所示。

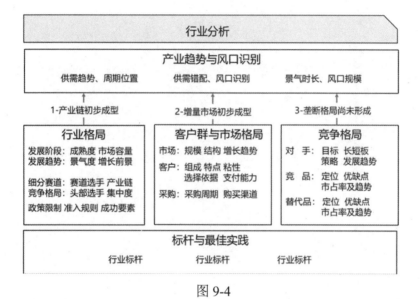

图 9-4

其次，在政府职能创新、产业结构升级的大背景下，ToB、ToG 解决方案规划前的调研还应强调行业发展趋势的研究。包括：明确产业周期当前所处的具体位置、供需趋势；识别增量市场；预判增量市场规模。

现在流行"风口"这个词，所以"风口识别"也是行业分析当仁不让的核心内容。对行业格局、客户群与市场格局、竞争格局的分析，正是风口识别的基础所在。

- 行业格局方面——产业链初步成型，是风口条件 1。
- 客户群与市场方面——增量市场初步形成，是风口条件 2。
- 竞争格局方面——垄断格局尚未形成，是风口条件 3。

可见，风口逻辑的关键还是供需关系这个老生常谈的经济学核心问题。具体而言，就是需求从乍现到暴增，引起了供需错配。当然，从新技术突破到产业链配套成型，这些都是风口逻辑成立的必要条件。

第三，标杆与最佳实践分析。重点是识别出国际和国内可借鉴的对标案例和其中的各项最佳实践。

基于上述主框架，还可以引入更多工具，深入具体分支：

- 5W1H 模型——客户分析。
- 客户决策旅程——客户分析。
- 五力模型、六力模型——竞争分析。

【2】行业洞察

笔者再斗胆一试，造个行业洞察画布，如图 9-5 所示。

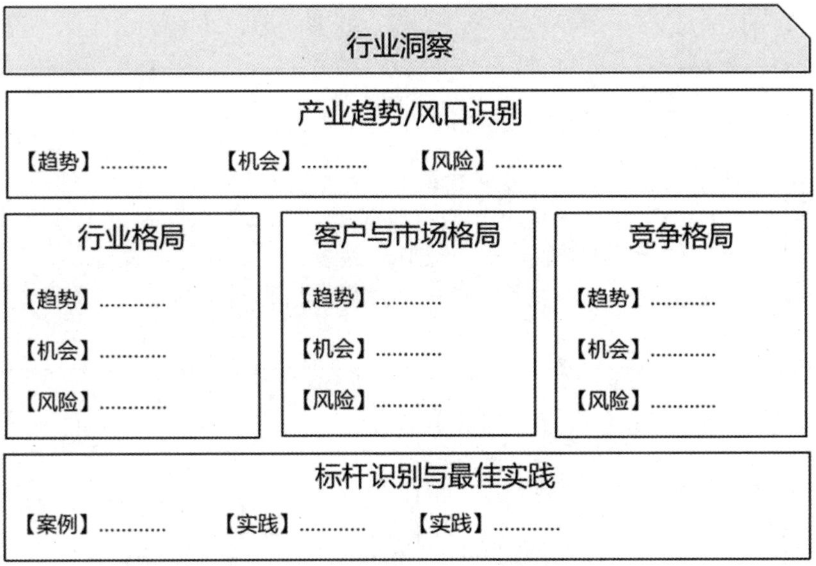

行业洞察

产业趋势/风口识别
【趋势】············ 【机会】············ 【风险】············

行业格局	客户与市场格局	竞争格局
【趋势】············	【趋势】············	【趋势】············
【机会】············	【机会】············	【机会】············
【风险】············	【风险】············	【风险】············

标杆识别与最佳实践
【案例】············ 【实践】············ 【实践】············

图 9-5

调研和分析在先，行业洞察在后。洞察环节不应遗漏，因为它是后续诊断与优化的基础。

从图中可以看出，应重视趋势判断、机会识别、风险识别、标杆识别与最佳实践提炼。

基于上述主框架，还可以引入更多工具，深入具体分支。

- 趋势雷达图——行业趋势研判。
- 商业模式画布——标杆战略解读。
- SWOT 分析——标杆战略解读。

9.4 调研的内容与产物——内部分析篇

【1】内部分析

内部分析的目的是聚焦政企单位自身，盘点业务能力、IT能力、组织与流程、资源四个方面的现状与特点，为后续的诊断与优化打好基础。

因此，如图9-6所示，应调研和分析如下几个方面：

- 业务能力——业务范围、各环竞争力、业务渠道等。
- IT能力——基础设施、应用能力、数据能力、治理能力等。
- 组织与流程——组织结构、企业文化、运营模式、业务流程等。
- 资源——盘点资金、人才等有形资源，盘点资质、技术等无形资源。

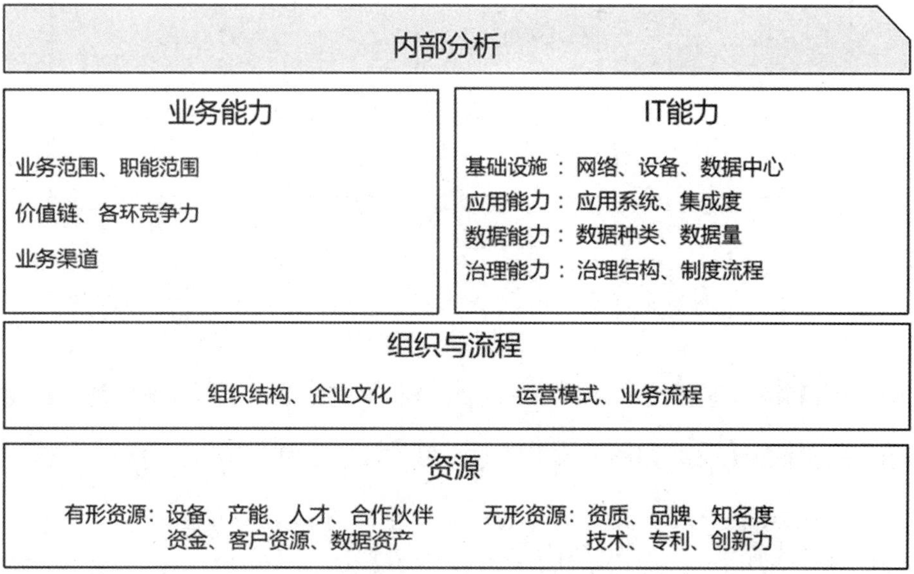

图 9-6

内部分析

业务能力	IT能力
业务范围、职能范围 价值链、各环竞争力 业务渠道	基础设施：网络、设备、数据中心 应用能力：应用系统、集成度 数据能力：数据种类、数据量 治理能力：治理结构、制度流程

组织与流程

组织结构、企业文化　　　　运营模式、业务流程

资源

有形资源：设备、产能、人才、合作伙伴　　无形资源：资质、品牌、知名度
资金、客户资源、数据资产　　　　　　　　技术、专利、创新力

图 9-6

基于上述主框架，还可以引入更多工具，深入具体分支：

- 价值链——经营活动分析。
- 波士顿矩阵——经营结构分析。
- 投资组合矩阵——经营结构分析。
- 商业模式画布——商业模式分析。
- 业务蓝图内容框架——识别业务能力的空白点、弱项和强项。
- IT蓝图内容框架——识别IT能力的空白点、弱项和强项。

【2】内部洞察

后续业务蓝图的设计一定是要往"发挥优势、补足劣势"上靠的。

因此，如图 9-7 所示，在内部洞察环节有必要识别优势，劣势、弱项、短板，核心竞争力。

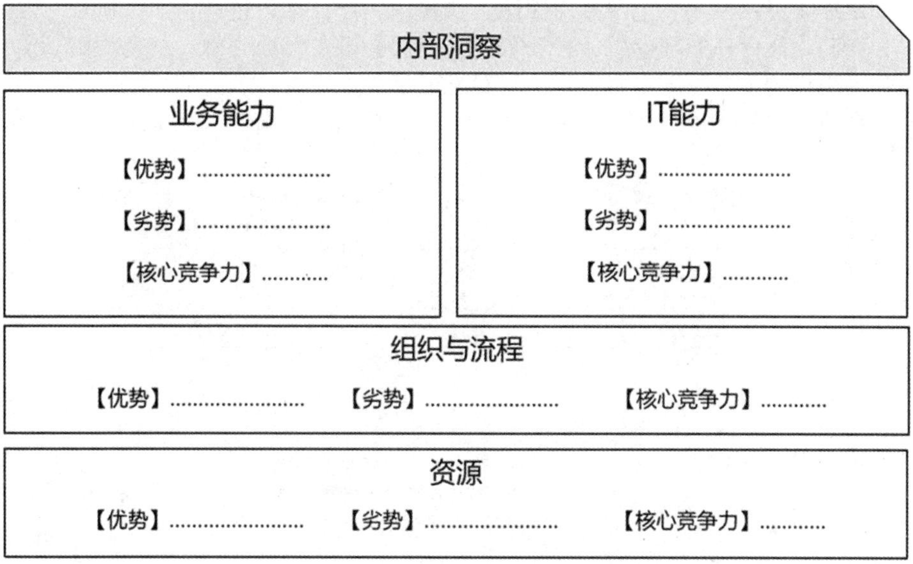

内部洞察

业务能力

【优势】.....................

【劣势】.....................

【核心竞争力】...........

IT能力

【优势】.....................

【劣势】.....................

【核心竞争力】...........

组织与流程

【优势】...................　　　【劣势】...................　　　【核心竞争力】...........

资源

【优势】...................　　　【劣势】...................　　　【核心竞争力】...........

图 9-7

基于上述主框架，还可以引入更多工具，深入具体分支。

- SWOT 分析——识别出的优势、劣势，将作为 SWOT 分析的 S 和 W。
- SWOT 分析——基于 S、W、O、T 分析经营策略。

9.5 实践攻略：ToG/ToB 方案规划的具体步骤

因为本书前面几章对业务蓝图和 IT 蓝图规划的阐述已经比较充分，所以本章的重点放在规划前期的工作内容与内在逻辑上。

如图 9-8 所示，大阶段包括五个。

- 启动阶段——主要工作是建团队、选方法、定计划。三项。
- 调研阶段——外部分析、行业分析、内部分析、标杆分析、战略理解。五项。
- 策略规划阶段——主要工作是子目标分解、策略设计。两项。
- 诊断优化阶段——运营/管控/商业模式优化、组织/流程/渠道优化、影响分析。三项。
- 方案规划阶段——业务蓝图规划、IT 蓝图规划、实施规划。三项。

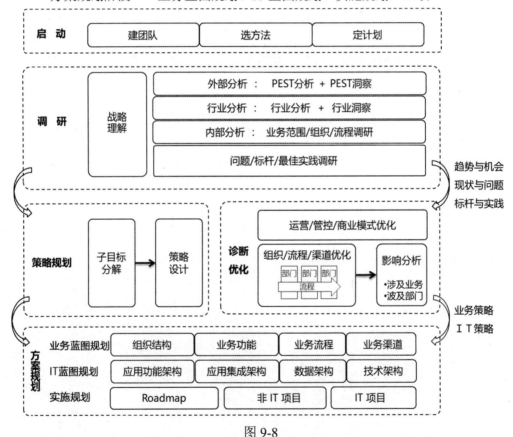

图 9-8

9.6　实践攻略：如何做到逻辑通达、不留卡点

逻辑通达为什么重要？

从设计方面看，一是解决方案要做到对齐企业战略，承载运营策略，统领 IT 实施。二是解决方案要保证上面三项一致，保证统领 IT 实施充分支撑，保证充分支撑对齐企业战略。

从治理方面看，很多企业在做架构资产库管理，成功的关键就是要满足"三可"——可回溯、可复用和可升级。这就要求规划时不能懵懵懂懂、逻辑不通、有逻辑卡点和空白点，否则：

- 后续一个个架构资产项无法"可回溯"到原始业务需求。
- 如果不能保持精准回溯至业务需求，应用系统群经历两三年的升级，架构资产库管理就名存实亡，没什么价值了。

本书给出的方案规划步骤，较重视"工作细项"之间的逻辑通达，如图 9-9 所示。

- 调研的价值之一，就是把战略理解透彻。
- 外部分析、行业分析、内部分析、行业标杆是战略的由来。
- 战略愿景分解成子目标，子目标支撑战略愿景。
- 子目标落地到架构策略，架构策略支撑子目标。
- 架构策略指导方案蓝图，方案蓝图承载架构策略。

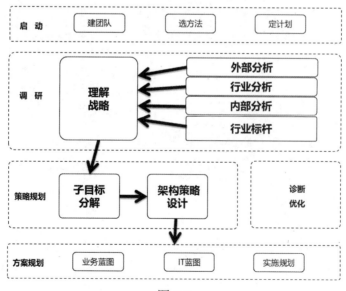

图 9-9

9.7 实践攻略：如何做好对标、看齐标杆

虽然做好对标的好处显而易见，大家都心知肚明，但在实践上有难点。

标杆不是乱找，标杆成功背后的多个最佳实践更不是乱提炼，要有针对性。

没了针对性，"抄作业"的效果就差。因为抄了"形"而丢了"神"，是买椟还珠。

那么如何做好对标呢？我们强调"三个主动回归"，如图9-10所示。

- 将战略愿景分解成子目标后，要主动回归到标杆调研，找到与"你的子目标"真正对应的标杆案例并提炼其最佳实践。
- 将子目标落地到架构策略后，要主动回归到标杆调研，找到与"你的架构策略"真正对应的标杆案例并提炼其最佳实践。
- 问题诊断后，优化运营模式/组织结构/业务流程前，主动回归，找到与"你的问题"对应的标杆案例并提炼其最佳实践。

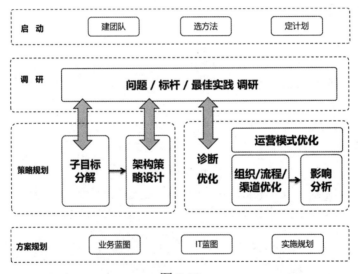

图 9-10

9.8　关键技能：外部分析——政策解读框架、机会发现

先讲讲第一项"关键技能"——政策解读。

深度解读政策文件并发现机会是一个实践难点，对 ToC、ToH、ToB 和 ToG 业务都很关键。但很多方案经理即使意识到了政策解读的重要性，实际做起来也并不容易。

如图 9-11 所示，政策解读框架由四组要点梳理而成。

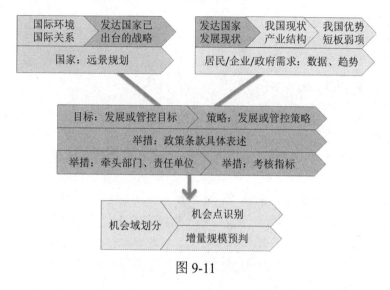

图 9-11

9.9 关键技能：行业分析——标杆研究、最佳实践梳理

标杆好用，对标流行。第二项"关键技能"是如何将最佳实践梳理成体系化，确保后续立体地学习标杆。

在标杆调研的中后期，借助模型进行最佳实践梳理，可分为三大步。

* 标杆战略策略分析。
* 标杆最佳实践分析（业务部分）。
* 标杆最佳实践分析（IT 部分）。

第一步，标杆战略策略分析。

方法。借用 SWOT 矩阵，把标杆企业的优势、劣势、机会、威胁都显式地"摆出来"，再把所有"策略"一项项地归类为增长型战略、扭转型战略、防御型战略、扬长避短型战略，放入矩阵的四个象限。这样一来，不仅能立体地呈现标杆企业"多项策略"全景，而且还凸显了策略的不同逻辑。

举例。假设某传统电网企业抓住了"绿色能源"的风口，成了其他电网企业分析模仿的标杆，那么可以用 SWOT 矩阵复盘其成功策略。如图 9-12 所示。

绿电运营商 标杆战略分析	优势（S） 资源：现有电网 资金：资金雄厚 资质：多项资质	劣势（W） 文化：传统企业 动力：干劲不足
机会（O） 国家：规划和政策 国际：发达国家数据 产业链：配套已成熟	【增长型战略】 策略1：绿电接入配套建设 策略2：储能站规划与建设 策略3：直流特高压主干网	【扭转型战略】 策略6：文化重塑
威胁（T） 窗口：机会窗口期几年就过 竞争：新能源的新进入者多 技术：各环节技术革新加快	【扬长避短型战略】 策略4：5年顶层规划作坚定蓝图 策略5：专门建绿电院 挖人 跟踪	【防御型战略】 策略7：考核机制 策略8：责任包干

图 9-12

第二步，标杆最佳实践分析（业务部分）。

方法。借助本书前面讲过的"业务蓝图内容框架"，归位标杆企业的每一项最佳实践，并详细描述每项最佳实践的信息来源、依据材料、实施情况和实施效果等客观信息，提炼出实践要点、目标价值、必备条件和优点缺点等实践指南。

第三步，标杆最佳实践分析（IT 部分）。

方法。借助本书前面讲过的"IT 蓝图内容框架"，归位标杆企业的每一项最佳实践，并详细描述每项最佳实践的信息来源、依据材料、实施情况和实施效果等客观信息，提炼出实践要点、目标价值、必备条件和优缺点等实践指南。

9.10 盘点收获

一边是实际业务，一边是方法体系，二者的深度结合是成功的关键。二者之间不能有鸿沟，不能是"两层皮"，调研的价值就在于此。

本章收获 1：调研说清了。外部分析、外部洞察、行业分析、行业洞察、内部分析、内部洞察、标杆分析、最佳实践洞察……梳理得还算细致。针对各个步骤，也给出了框架。

本章收获 2：逻辑说清了。从调研到诊断优化，再到方案规划，逻辑通达，不留卡点。还讲了迭代的重要性，该回归到调研环节时就要回归，确保调研的针对性。

每人环节都有框架，环节间有逻辑。可以实干了。

附录 A《业务架构书》模板

XXXX 工程
业务架构书

部　　门：_____

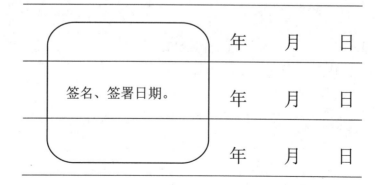

	签名、签署日期。			
拟制：_____		年	月	日
审核：_____		年	月	日
批准：_____		年	月	日

目录

此处版本号指本文稿的版本号，而不是本文稿所描述对象（或产品）的版本号。

0 版本记录

序号	版本号	生成时间	主 要 修 改 记 录	作者	备注
1					
2					
3					
4					

1 引言

1.1 编写目的

【说明】简述本文档的编写目的、用途和适用范围。

【建议】本节写"文档目的",并非"项目目的"。

【示例】

本文档的编写目的是……

本文档的预期读者为……

> 1. 文档的正文格式设定为:
>   - 五号宋体字。
>   - 段前段后间距为 0。
>   - 行间距为 1.25。
> 2. 章节的标题应分级而设:
>   - 下级标题的字号应不大于上级标题字号。
>   - 正文字号应不大于任何一级标题字号。
> 3. 同一级标题的缩进距离应保持一致。

1.2 术语与缩略语

【说明】集中解释文档涉及的行业词汇、专业术语、首字母缩略语,提高文档可读性。

【建议】本节为必需。

词汇	解释

1.3 引用文件

【说明】列出本文档引用的所有文档的编号、标题、版本号和日期,方便读者查阅参考。

【建议】文档编号为公司为文档赋予的唯一正规编号。文档编号、文档版本号,均必需。

文档编号	文档名称	版本号	文档日期

2 业务架构的驱动因素

【说明】业务架构的驱动因素（Driver）是整个业务架构设计的起点。必须找准、吃透。

【建议】本章的三个小节：

　　　　1）战略背景研究

　　　　2）调研情况汇报

　　　　3）驱动因素确定

2.1 战略背景研究

2.1.1 国家政策

【说明】依次简述三项内容：

■　政策出台的背景

■　政策文件名称或领导人讲话时间

■　政策文件或讲话的核心内容

2.1.2 企业战略

【说明】依次简述三项内容：

■　企业战略的制定背景

■　企业战略的发布时间

■　企业战略的核心内容

2.1.3 对标友商

【说明】依次简述三项内容：

■　行业的大背景、友商基本信息

■　标杆工程/标杆业务/标杆产品的名称

■　标杆解读（成绩效果、人员组织、业务流程、商业模式创新或机制创新）

2.2 调研情况汇报

【说明】简短介绍业务架构团队做了哪些调研，例如：

1）政策文件研究

2）规划报告研究

3）领导层访谈

4）领先企业参观

5）对标分析

2.3 驱动因素确定

2.3.1 XXXXXXXXXX

【建议】观点明确。将驱动因素提炼成简短的几句话，一句概括一个 Driver。

【建议】依据充分。小节内的阐述，重在依据充分、有逻辑性。

【建议】切忌堆砌。关键是识别出起决定作用的、真正关键的驱动因素。

2.3.2 XXXXXXXXXX

【建议】观点明确。将驱动因素提炼成简短的几句话，一句概括一个 Driver。

【建议】依据充分。小节内的阐述，重在依据充分、有逻辑性。

【建议】切忌堆砌。关键是识别出起决定作用的、真正关键的驱动因素。

3 业务架构的目标与策略

【说明】差距分析（可选）

内容1：列出基线业务架构，以及目标业务架构的高层次描述

内容2：对比分析，识别GAP：业务能力差距、IT能力差距

【说明】业务架构目标与策略

内容1：阐述业务能力短板，确定业务架构目标

内容2：阐述在组织结构、业务流程、产品创新、渠道创新等方面的具体策略

3.1 差距分析（可选）

3.1.1 Baseline Business Architecture 概述

【示例】

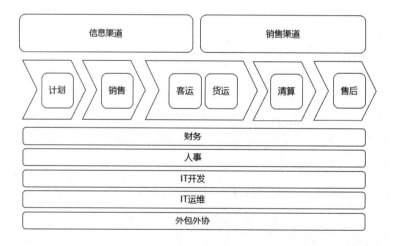

3.1.2 Target Business Architecture 概述

【示例】

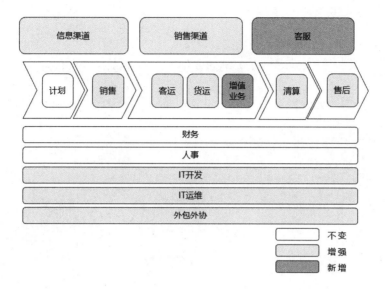

3.1.3 Gap Analysis 结论

【建议】从两个重点方面写：

1）业务能力差距

2）IT 能力差距

3.2 目标与策略

3.2.1 目标与策略总述

【示例】

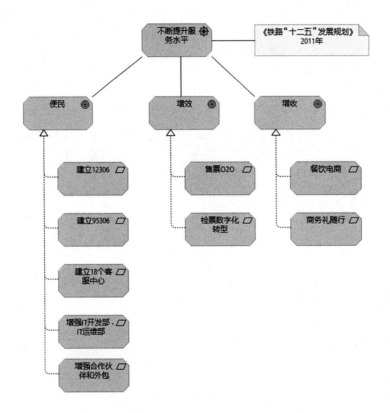

3.2.2 策略：XXXX

【说明】每个策略一节，或一组策略一节。

【建议】阐明依据，如国外水平、对标分析、用户调查、用户画像、数据统计、技术趋势、机会节点等。

3.2.3 策略：XXXX

【说明】每个策略一节，或一组策略一节。

【建议】阐明依据，如国外水平、对标分析、用户调查、用户画像、数据统计、技术趋势、机会节点等。

4 业务架构蓝图

【回顾】前几章：从 Driver 到 Goal，再到 Strategy，把设计逻辑说清。

【展望】下面，从组织结构视图、业务功能视图、商业模式、业务流程视图、业务数据视图几个方面定义蓝图。

4.1 组织结构视图

4.1.1 组织结构及改进

【说明】部门设置、岗位设置、岗位职责等。

4.1.2 合作伙伴及改进

【说明】加强与供应链上下游的合作伙伴之间的协作，是业务架构的常见策略。

4.1.3 业务渠道及改进

【说明】业务渠道创新是业务架构设计的常见策略。

【示例】

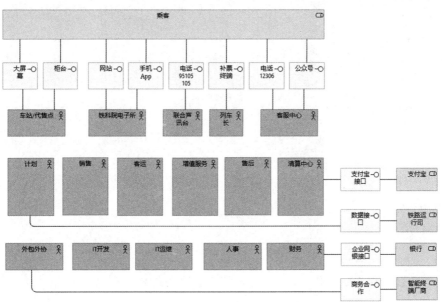

4.2 业务功能视图

4.2.1 顶层价值链分析

【说明】价值链分析，是企业的业务功能蓝图的起点。

4.2.2 第一层业务功能分解

【说明】第一层业务功能分解，是业务功能蓝图的核心。

【建议】应采用功能定义表格，进行功能的配合说明。

【示例】第一层业务功能分解

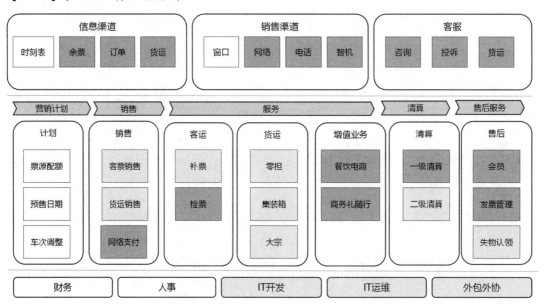

4.2.3 第二层业务功能分解（可选）

【说明】本节可选。

【建议】对于超大规模的业务架构，可引入第二层功能分解框图，配以功能定义表格说明。

4.3 商业模式

【说明】企业与企业之间、企业的部门之间、企业与顾客之间、企业与渠道之间存在的交易关系和合作方式，称为商业模式。商业模式就是挣钱的逻辑。

【示例】

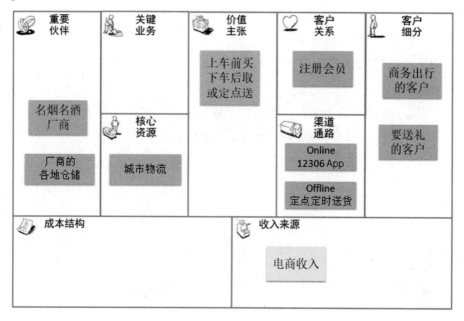

4.4 业务流程视图

【说明】业务流程视图是《业务架构书》中最重要、最落地、篇幅最大的章节。

【方式 A】采用跨泳道流程图。缺点：业务规则相对零散。

【方式 B】采用步骤化文本格式，并随步骤定义业务规则。

1) 先描述主干场景，再描述分支场景。

2) 主干场景写成带步骤编号的文本，并且分解出业务片段。

3) 分支场景的编号表示分叉位置。

4) 检查主干场景的每个业务片段，看是否遗漏了分支场景。

5) 按培训课程的要求，将业务规则写在相应步骤的右侧。

4.4.1 XXXX 功能域业务流程定义

4.4.1.1 YYYY 功能

4.4.1.2 YYYY 功能

4.4.2 XXXX 功能域业务流程定义

4.4.2.1 YYYY 功能

4.4.2.2 YYYY 功能

4.4.3 XXXX 流程创新（可选）

【建议】画出 Archimate 动机分析图，并用文字阐述。若需要，则也应给出定量的数据图表。

4.5 业务数据视图

4.5.1 数据域与数据类型总述

【说明】划分数据域，并识别每个数据域中要管理的结构化数据、非结构化数据。

【示例】

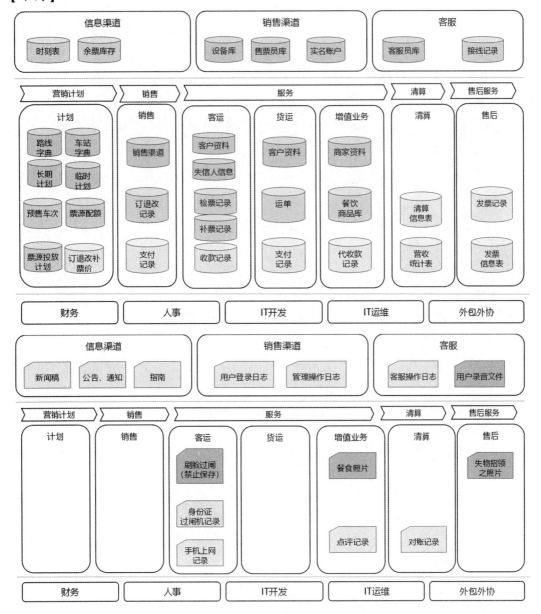

4.5.2 XXXX 数据域数据模型定义

【说明】画出类图或 ER 图。

4.5.3 XXXX 数据域数据模型定义

【说明】画出类图或 ER 图。

4.5.4 XXXX 模型创新（可选）

【建议】画出 Archimate 动机分析图，并用文字阐述。若需要，则也应给出定量的数据图表。

5 业务架构实施路线图

5.1 Roadmap 总览

【示例】

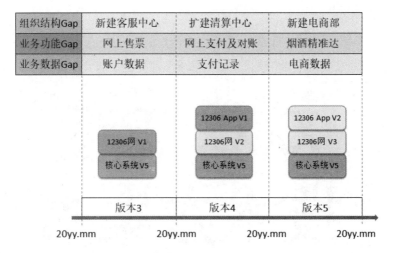

5.2 实施规划

【说明】按实施阶段，说明每阶段计划。

附录 B 《技术方案书》模板

XXXX 工程
技术方案书

部　　门：		
拟制：		年　　月　　日
审核：	签名、签署日期。	年　　月　　日
批准：		年　　月　　日

目录

此处版本号指本文稿的版本号,而不是本文稿所描述对象(或产品)的版本号。

0 版本记录

序号	版本号	生成时间	主 要 修 改 记 录	作者	备注
1					
2					
3					
4					

1 引言

1.1 编写目的

【说明】简述本文档的编写目的、用途和适用范围。

【建议】本节写"文档目的"，并非"项目目的"。

【示例】

本文档的编写目的是……

本文档的预期读者为……

> 1. 文档的正文格式设定为：
> - 五号宋体字。
> - 段前段后间距为 0。
> - 行间距为 1.25。
> 2. 章节的标题应分级而设：
> - 下级标题的字号应不大于上级标题字号。
> - 正文字号应不大于任何一级标题字号。
> 3. 同一级标题的缩进距离应保持一致。

1.2 术语与缩略语

【说明】集中解释文档涉及的行业词汇、专业术语、首字母缩略语，提高文档可读性。

【建议】本节为必需。

词汇	解释

1.3 引用文件

【说明】列出本文档引用的所有文档的编号、标题、版本号和日期，方便读者查阅参考。

【建议】文档编号为公司为文档赋予的唯一正规编号。文档编号、文档版本号，均必需。

文档编号	文档名称	版本号	文档日期

2 建设背景与设计思想

2.1 系统建设的背景/驱动力

【说明】简要说明国家政策/企业战略/友商对标等关键背景与驱动因素。

2.2 系统的目标、范围、提升要点

【说明】

目标——说明系统方案的预期目标。

范围——说明涉及的业务功能范围、组织结构范围。

提升要点——同 TOGAF "能力增量"。

2.3 方案规划原则

【说明】例如先进性、规范性、业务前瞻性、技术自主可控性等方面的方针原则。

2.4 方案难点、特点、优势

【说明】分析难点问题、亮明方案优势、凸显方案价值。

【建议】如必要,可阐述从多个备选方案到最终方案确定的决策过程。

3 方案架构概述

【说明】在不对应用架构/数据架构/技术架构过多展开的情况下，概览几方面的高层架构。

- 逻辑——功能架构总图　　　　　//对应应用架构的应用功能需求总图
- 物理——部署架构总图　　　　　//对应技术架构的部署结构图
- 技术——技术架构总图　　　　　//对应技术架构的技术能力需求总图

3.1 逻辑——功能架构总图

【示例】

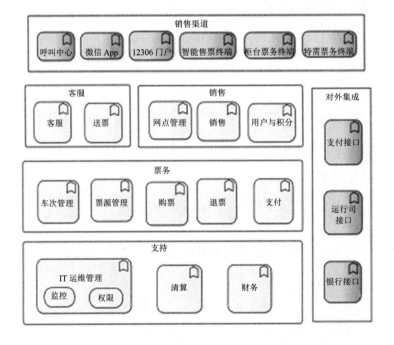

3.2 物理——部署架构总图

【示例】

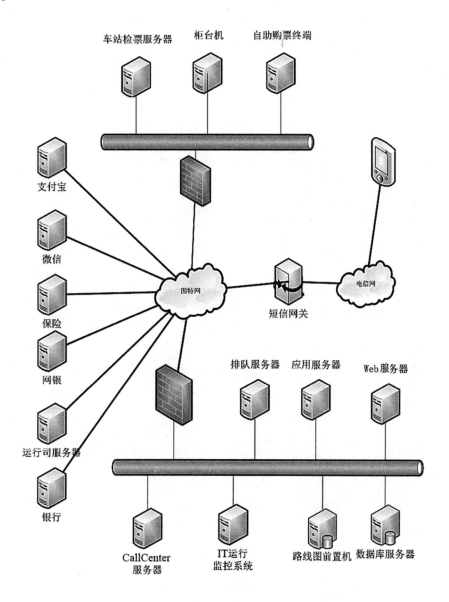

3.3 技术——技术架构总图

【示例】

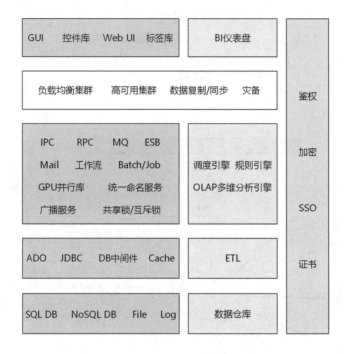

4 方案设计详述

【说明】按照每种架构的"设计内容模型"展开说明：

■　　应用架构

■　　数据架构

■　　技术架构

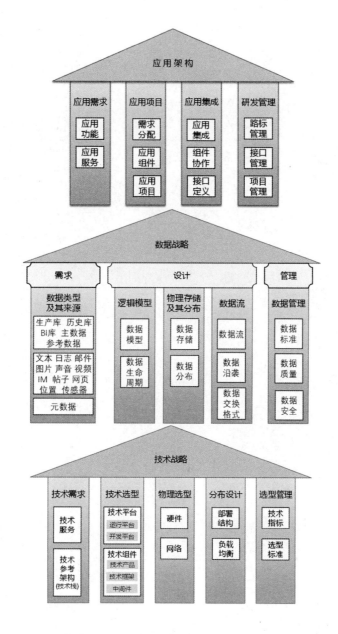

4.1 应用架构设计

4.1.1 应用功能的定义

4.1.1.1 功能总图

【示例】

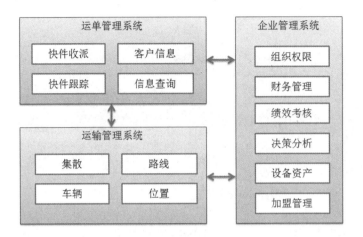

4.1.1.2 XXXX 功能域

【说明】功能的详细说明。

4.1.1.3 XXXX 功能域

【说明】功能的详细说明。

4.1.2 应用项目的划分

【说明】本节下，可分多个小节分别展开描述。

4.1.3 应用项目间的集成

【说明】本节下，可分多个小节分别展开描述。

4.1.4 集成接口的定义

4.1.4.1 接口总图

4.1.4.2 XXXX 接口

4.1.4.3 XXXX 接口

4.2 数据架构设计

4.2.1 数据类型总览

4.2.2 数据模型设计

【说明】本节下，可分多个小节分别展开描述。

4.2.3 数据生命周期设计

【说明】本节下，可分多个小节分别展开描述。

4.2.4 数据存储设计

4.2.5 数据分布设计

4.2.6 数据交换格式设计

【说明】本节下，可分多个小节分别展开描述。

4.3 技术架构设计

4.3.1 技术需求总览

4.3.2 技术选型总述

4.3.3 服务器选型

4.3.4 存储技术选型

4.3.5 部署结构设计

4.3.6 负载均衡设计

4.3.7 XXXX 功能实现设计

【说明】配合模块图、时序图等说明。

4.3.8 XXXX 功能实现设计

【说明】配合模块图、时序图等说明。

5 方案实施计划

5.1 实施计划总体安排

5.2 资源需求与团队结构

5.3 XXXX 工作包

【说明】可以是研发、上线、技术采购、培训、招聘等 IT 工作包，或非 IT 工作包。

5.4 XXXX 工作包

【说明】可以是研发、上线、技术采购、培训、招聘等 IT 工作包，或非 IT 工作包。